U0131575

汪菊渊院士
学术思想研究

《汪菊渊院士学术思想研究》编委会 编

中国林业出版社

图书在版编目（CIP）数据

汪菊渊院士学术思想研究 /《汪菊渊院士学术思想研究》编委会编 .— 北京 : 中国林业出版社 , 2022.10

ISBN 978-7-5219-1850-2

Ⅰ.①汪… Ⅱ.①汪… Ⅲ.①园艺－研究 Ⅳ.① S6

中国版本图书馆 CIP 数据核字（2022）第 158808 号

策划编辑：杜　娟　杨长峰
责任编辑：杜　娟　李　鹏　李　娜
电　　话：（010）83143553

出版发行　中国林业出版社
（100009　北京市西城区刘海胡同 7 号）
书籍设计　北京美光设计制版有限公司
印　　刷　北京富诚彩色印刷有限公司
版　　次　2022 年 10 月第 1 版
印　　次　2022 年 10 月第 1 次印刷
开　　本　710mm × 1000mm　1/16
印　　张　12.5
字　　数　252 千字
定　　价　98.00 元

出版说明

北京林业大学自1952年建校以来，已走过70年的辉煌历程。七十年栉风沐雨，砥砺奋进，学校始终与国家同呼吸、共命运，瞄准国家重大战略需求，全力支撑服务“国之大者”，始终牢记和践行为党育人、为国育才的初心使命，勇担“替河山装成锦绣、把国土绘成丹青”重任，描绘出一幅兴学报国、艰苦创业的绚丽画卷，为我国生态文明建设和林草事业高质量发展作出了卓越贡献。

先辈开启学脉，后辈初心不改。建校70年以来，北京林业大学先后为我国林草事业培养了20余万名优秀人才，其中包括以16名院士为杰出代表的大师级人物。他们具有坚定的理想信念，强烈的爱国情怀，理论功底深厚，专业知识扎实，善于发现科学问题并引领科学发展，勇于承担国家重大工程、重大科学任务，在我国林草事业发展的关键时间节点都发挥了重要作用，为实现我国林草科技重大创新、引领生态文明建设贡献了毕生心血。

为了全面、系统地总结以院士为代表的大师级人物的学术思想，把他们的科学思想、育人理念和创新技术记录下来、传承下去，为我国林草事业积累精神财富，为全面推动林草事业高质量发展提供有益借鉴，北京林业大学党委研究决定，在校庆70周年到来之际，成立《北京林业大学学术思想文库》编委会，组织编写体现我校学术思想内涵和特色的系列丛书，更好地传承大师的根和脉。

以习近平同志为核心的党中央以前所未有的力度抓生态文明建设，大力推进生态文明理论创新、实践创新、制度创新，创立了习近平生态文明思想，美丽中国建设迈出重大步伐，我国生态环境保护发生历史性、转折性、全局性变化。星光不负赶路人，江河眷顾奋楫者。站在新的历史方位上，以文库的形式出版学术思想著作，具有重大的理论现实意义和实践历史意义。大师即成就、大师即经验、大师即精神、大师即文化，大师是我校事业发展的宝贵财富，他们的成长历程反映了我校扎根中国大地办大学的发展轨迹，文库记载了他们从科研到管理、从思想到精神、从潜心治学到立德树人的生动案例。文库力求做到真实、客观、全面、生动地反映大师们的学术成就、科技成果、思想品格和育人理念，彰显大师学术思想精髓，有助于一代代林草人薪火相传。文库的出版对于培养林草人才、助推林草事业、铸造林草行业新的辉煌成就，将发挥“成就展示、铸魂育人、文化传承、学脉赓续”的良好效果。

文库是校史编撰重要组成部分，同时也是一个开放的学术平台，它将随着理论和实践的发展而不断丰富完善，增添新思想、新成员。它的出版必将大力弘扬“植绿报国”的北林精神，吸引更多的后辈热爱林草事业、投身林草事业、奉献林草事业，为建设扎根中国大地的世界一流林业大学接续奋斗，在实现第二个百年奋斗目标的伟大征程中作出更大贡献！

《北京林业大学学术思想文库》编委会

2022年9月

前　言

汪菊渊院士是中国园林学科创始人、北京林业大学园林教育奠基人、中国风景园林学界首位工程院院士。他谦虚谨慎、为人师表，为世人所崇敬。他凡事亲力亲为，学术研究精益求精，为我们树立了光辉的榜样。他对“科教兴国”理想不懈追求，毕生以国家事业为重，为中国风景园林的学科建设、理论研究和行业发展作出了卓越贡献。

2022年是北京林业大学建校七十周年，在学校党委统一部署和领导下，园林学院组建《汪菊渊院士学术思想研究》编委会编撰本书，意从以下4个方面介绍汪菊渊院士的成就和贡献。

第一，汪菊渊院士是中国园林学科的创始人。1931年，他进入金陵大学园艺系学习，是中国培养的最早一批园林园艺专业人才。1951年，他作为创始人之一，创办了新中国第一个园林专业——造园。汪菊渊担任造园组负责人，对园林专业的教学计划、课程设置、教学大纲和师资招生等作出了全面筹划，培养出大量园林建设人才，为中国园林学科的成立与发展作出了突出贡献。

第二，汪菊渊院士是中国园林学科体系的奠基人。他提出了包括传统园林学、城市绿化和大地景物规划3个层次的园林学科体系，指引了中国风景园林学科的建设方向。他通过组织《中国大百科全书：建筑·园林·城市规划》中园林学部分的编写工作，对学科的专业人才、知识基础、理论体系进行梳理，第一次著书明确了园林学为独立的学科，与建筑和城市规划并列，推动了园林学科的发展并走向成熟。

第三，汪菊渊院士是中国园林史论研究的泰斗。他从20世纪40年代即立志于研究中国园林史。新中国成立后他编印的《中国古代园林史纲要》和《外国园林史纲要》，是中国系统和全面地编写园林史教材之肇端。改革开放之后，他主持“中国古代园林史研究”课题，组织全国各地的园林机构和专家开展调查研究，完成200余万字的巨著——《中国古代园林史》，为中国风景园林学科奠定了坚实的史论基础。

第四，汪菊渊院士还是中国园林行业发展的领路人。他先后担任北京市农林水利局局长，担任北京市园林局副局长、总工程师，兼任中国园艺学会秘书长、副理事长，中国花卉盆景协会副理事长、理事长，中国建筑学会园林学会副理事长，中国风景园林学会副理事长、名誉理事长，第六届、第七届全国政协委员等职务，推动创立《中国园林》《古建园林技术》等学术刊物，有力推进了中国园林事业的发展。

本书以学术事件为主线，梳理了汪菊渊院士的学术历程；从学科理论建设、园林史论研究、观赏园艺开拓和城市绿化探索4个方面，评述汪菊渊院士学术思想；最后综合其他学人的论述，评价汪菊渊院士的学术贡献和地位，带领读者走进一代园林宗师的学术世界。

本书编委会成员为编撰本书付出了大量心血。同时还要特别感谢北京林业大学党委的精心指导，北京林业大学科技处、宣传部的大力支持，中国林业出版社的细致审校。由于时间和能力所限，本书对汪菊渊院士学术思想的梳理和凝练仍有不完备之处，敬请同行专家和广大读者包涵指正。

《汪菊渊院士学术思想研究》编委会

2022年8月

目 录

第三章 史论奠基，臻于大成

第四章 园艺开拓，行业先驱

第五章 绿化探索，领队护航

第六章 菊映华夏，德厚如渊

图　录

第一章

奋楫笃行，继往开来

图 1-1 汪菊渊（1913—1996 年）
（中国园林博物馆 供图）

汪菊渊（图1-1）是中国园林教育界的一代宗师。他在园艺、园林及史学领域不断探索，造诣甚深，我国许多园林和园艺界知名专家都聆听过他的教诲。他为确立有中国特色的园林学科体系奠定了理论基础，指明了学科发展的方向，全面准确地梳理构建了园林学的学科体系。他所创办的园林学科（今风景园林学），成为与建筑学、城乡规划学同样重要的一门学科。

汪菊渊用一生的时间对风景园林等相关领域进行科学研究，将学术理论运用于我国城市绿化的建设，他不仅是一位孜孜不倦进行科学研究的专家学者，更是一位高瞻远瞩、具有远见卓识的城市园林建设者。他治学严谨，不辞辛苦，桃李满天下；他严于律己，宽以待人，担任领导干部，始终平易近人。他一生耕耘风景园林这片土地，在中国风景园林学术界享有崇高的声望。

汪菊渊善于思考问题，勤于笔耕立言，几十年来，发表了大量论文，对我国园林学科理论的创立和发展作出了重要的贡献。他在晚年承担了当时建设部的园林领域重要课题“中国古代园林史研究”，写下了210余万字的鸿篇巨著。汪菊渊学识渊博，一生不懈教书育人，其学术成就极高，为中国风景园林理论研究和学科建设作出了不可磨灭的伟大贡献，为中国风景园林的发展奠定了基石。

第一节

求学与任教

汪菊渊的学术成长与早年经历有着密不可分的关系。汪菊渊受到过良好的启蒙教育，青年时期思想活跃、兴趣广泛，爱好体育运动，精通文学音乐，学习刻苦努力，成绩优异，为日后的学术研究打下了坚实的基础。他从1931年开始学习园艺、农艺，后又饱览名园，研读《园冶》，遂与园林结下不解之缘，踏上了笃行致远之路。

汪菊渊在工作中展现出卓越能力和创新精神。1934年，他毕业后参加了庐山森林植物园创建工作，开始迈入园林营建实践领域；两年辛勤的植物园造园经历，奠定了他在园林方面的坚实基础。汪菊渊一生致力于园林理论研究，极为重视园林专业教育。他从1936年担任助教开始从教，1951年成立造园组，创办造园专业，为风景园林学科、专业发展奠定了深厚的基础，培养了大量园林工作者。

本节通过矢志向学、多方历练两个方面，阐述汪菊渊青年求学时期、初期植物园工作时期以及作为青年教师多方任职任教的相关历程，在这段漫长的求学与任教之路上，汪菊渊指导了中国风景园林教育从萌发初创到蓬勃发展的全部历程。

一、矢志向学

1913年4月11日，汪菊渊出生于上海市一个中学教师家庭。父亲汪显明任上海清心中学数学教师，母亲谢靖海毕业于杭州弘道女校，爱好音乐和体育。汪菊渊从小得到良好的家庭教育，自幼喜爱音乐，热爱篮球、足球等体育运动。汪菊渊在青少年时期就展现出卓越的学习能力。他就读于上海东吴大学附属第二中学。该校每年举办汉语、英语演讲会，汪菊渊曾获英语演讲会第一名。

汪菊渊在青年时期思想非常活跃。1929年，汪菊渊考入苏州东吴大学理学院化学系，进入大学后阅读了许多社会科学书刊。1930年，他参观了一个农村服务点，对农村工作产生了兴趣。1931年7月，他赴杭州之江大学参加农村组活动，更增强了学农的志愿，遂转入南京金陵大学农学院农艺系学习，后改为主修园艺、副修农艺，志趣由化学转变为农业。

1933年春假期间，汪菊渊与同学赴北平游览。壮丽的皇家园林使他对造园产生了强烈的兴趣，他开始阅读明代计成所著的《园冶》（重刊本，中国营造学社出版），从此与园林事业结下不解之缘。

1934年夏，汪菊渊从金陵大学园艺系毕业，获农学学士学位。此后，他走向工作岗位，开始谱写新的人生篇章。

二、多方历练

1934年，汪菊渊毕业后，由学校推荐来到庐山，参加庐山森林植物园创建工作，开始了他崭新的造园实践征途。

此前，胡先骕于1928年获美国哈佛大学博士学位回国，创办北平静生生物调查所，有感于中国具有丰富的植物资源及复杂的植物区系，决定创建植物园。1934年8月20日，庐山森林植物园在庐山含鄱口山谷中成立。

汪菊渊第一阶段实践工作正是在庐山森林植物园初创期间。当时庐山管理处与国外植物园交换种子获取一二百种，为了掌握繁殖条件和生态习性，汪菊渊查阅了大量的国内外资料，除做繁殖、栽培外，还采集、制作和整理蜡叶标本，为庐山森林植物园的建设洒下了辛勤的汗水。

1934—1936年是庐山森林植物园创建的关键时期。至1938年，园中开辟了草本植物区、石山植物区、水生植物区等专类园区，以及3幢温室和面积近11hm^{2}的苗圃区；广泛搜集、栽培各类植物达3100余种。建成了当时被称为“东亚唯一完备的标本室”——收藏经济植物标本5万余例、蕨类植物标本2万余例。汪菊渊在2年繁忙而充实的工作中，打下了全面的园林绿化实践基础，在专业能力和文化素养两方面都取得了突出的进步。

1936年，由于在庐山森林植物园创建中获得了一定经验，并体现了踏实的学术作风，汪菊渊受邀回到南京金陵大学园艺系担任助教。任助教期间，汪菊渊孜孜不倦，继续学习。他阅读了达尔文的《物种起源》（英文版），赴北平静生生物调查所查阅有关观赏植物和植物分类学方面的书和标本，并随金陵大学植物系去峨眉山采集制作植物标本。

1937年七七事变后，汪菊渊随金陵大学西迁成都，继续承担教学工作，讲授普通园艺学及花卉学课程；他于1938年晋升为讲师，1942年晋升为副教授，并兼任园艺试验场主任。在此过程中，他曾开展峨眉山沙紫百

图 1-2　1941 年，汪菊渊（右一）与同事在四川成都望丛祠前合影（资料来源：中国园林博物馆 - 微园林）

合和杜鹃引种、珙桐树和常绿杜鹃开花观察、水仙花繁殖栽培试验、梅花和山茶花的品种调查等研究（图1-2）。

1944—1946年，汪菊渊在中央农业实验所成都工作站及农林部种子专门委员会（上海）工作，进行菜豌豆品种比较试验。1946年，他赴北京大学农学院园艺系任副教授兼农场主任。此时开设专业课程有：果树、蔬菜、观赏园艺及园艺利用等。汪菊渊主讲观赏园艺和蔬菜园艺方面的课程，主要有花卉园艺、观赏树木和造园艺术（附庭园设计）。

1949年新中国成立后，北京大学农学院、华北大学农学院、清华大学农学院合并，组成北京农业大学（现中国农业大学）。根据当时中国社会的实际需要，各农学院都取消了观赏园艺课程，但北京农业大学仍保留造园课程为选修课。

第二节

学科建设与城市绿化

汪菊渊具有坚实的专业知识基础、丰富的实践经验。他在庐山森林植物园、金陵大学、北京大学、北京农业大学的工作、教学期间，亦在不断积淀。1951年造园组的设立是中国教育史上园林教育的开端，是中国第一个培养园林人才的教育组织，这标志着中国园林专业创立的开始。

造园组的创办填补了园林专业在我国高等教育史上的空白，也成为了中国园林学学科建设和发展的里程碑。造园组由建筑和园艺两个专业共同培养园林人才，在当时是世界上罕见的创举。园林专业理论与实践相结合的教学方法保留至今，培养了一代代园林专业人才。

一、专业发展

1951年春天，在北京市都市规划委员会会议上，汪菊渊向清华大学营建系主任兼北京市都市规划委员会副主任梁思成先生，提出北京农业大学和清华大学联合试办造园组的设想，并获得赞同。他们深知百废待兴，城市建设将极缺园林建设人才，共同培养园林人才刻不容缓。

汪菊渊在给北京农业大学提交的报告中写道："新中国建设展开后，各方面迫切需要造园专才，都市规划委员会希望我们能专设一组，系里都赞成，但设组需要与清华建筑系合作。曾经与清华梁思成及周教务长（周培源）商洽，已荷同意。"北京农业大学校委会根据汪菊渊的报告作出决议："在目前不增加学校负担的条件下，同意园艺系与清华建筑系合作办理造园组。"

国家预见到园林人才将在城市建设中发挥重要作用，1951年10月9日，教育部批准北京农业大学园艺系与清华大学营建系联合试办造园专业。在梁思成先生的鼎力支持下，由汪菊渊和吴良镛等人共同努力，新中国成立后第一个园林教育组织造园组在清华大学成立（图1-3），开办造

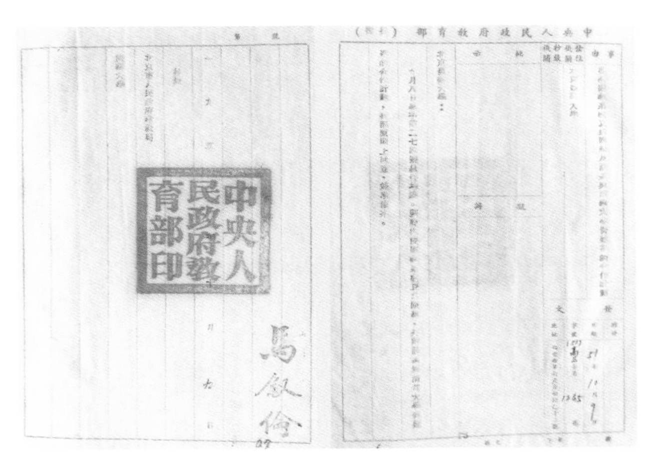

中央人民政府教育部印

图 1-3　1951 年 10 月 9 日，**造园组成立批文**（资料来源：清华大学档案）

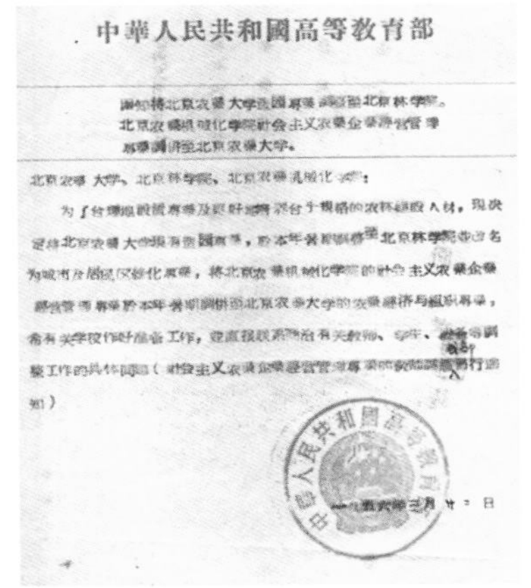

中華人民共和國高等教育部

图 1-4　1956 年，**北京农业大学造园专业调整至北京林学院的批文**（资料来源：中国农业大学档案馆）

园专业，汪菊渊担任造园专业教研组组长、教授。该专业于1956年调整到北京林学院，后来发展为北京林业大学园林学院。

在获得教育部批准成立造园组后，由汪菊渊和助教陈有民等教师带领从园艺系三年级、四年级遴选的近20名学生进入清华大学借读，创办了我国第一个高等教育的造园专业。第一期开设的课程包括：素描、水彩、制图（设计初步）、城市计划、测量学、营造学、中国建筑、植物分类、森林学、公园设计、园林工程等。造园组是中国第一个培养园林人才的教育组织，标志着中国园林学科的创立。

1954年，造园专业转至北京农业大学；1956年3月，在全面学习苏联的高潮中，高等教育部将造园专业改名为“城市及居民区绿化专业”，转入北京林学院（今北京林业大学），并扩大成立城市及居民区绿化系，后成立园林系（图1-4）。汪菊渊兼系副主任、教授，讲授“城市及居民区绿化”和“园林史”课程，领导人才培养方案修订，精心培育园林专业的成长。

1953—1956年，汪菊渊任教于北京农业大学（现中国农业大学）。他非常重视教学与实践相结合，亲自带领造园组学生赴江南开展综合实习，使学生对江南明清宅园、城市公园绿地等形成感性认识。汪菊渊与吴良镛、朱自煊等任课教师共同努力，于1953年培养出我国第一届造园专业的毕业生，从中选拔优秀学生留校任教。郦芷若、张守恒分别担任园林设计、园林建筑课程助教；朱钧珍、刘承娴留清华大学任教，再回北京农业大学教园林设计、城镇规划课。1954年，毕业生中留下梁永基和陈兆玲，之后又留下杨赉丽、孟兆祯等；1956年，从浙江大学调进孙筱祥，从山东农业大学调进周家琪，充实城市及居民区绿化专业教师队伍（表1-1）。

表 1-1　1951—1953 年造园组主要课程和师资一览表

序号	课程	教师姓名	师资来源
1	素描	李宗津	清华大学营建系
2	水彩	华宜玉	清华大学营建系
3	制图	莫宗江、朱自煊	清华大学营建系
4	植物分类	崔友文	中国科学院
5	森林学	郝景盛	中国林业科学研究院
6	测量学	陈国良	清华大学土木工程系
7	营造学	刘致平、陈文澜	清华大学营建系
8	中国建筑	刘致平	清华大学营建系
9	公园设计	吴良镛	清华大学营建系
10	园林工程	梁永基、陈兆玲	清华大学土木工程系
11	城市规划	吴良镛、胡允歌	清华大学营建系
12	专题讲座	李嘉乐、徐德权	北京市建设局园林事务所
13	实习	汪菊渊、陈有民	华北（北京）农业大学园艺学系

资料来源："昭昭文心：孟兆祯学术成就展"。

二、引领建设

因中国城市化进度加快，急需风景园林管理人才，汪菊渊在1954—1964年出任北京市农林水利局局长（后改为农林局），参加并主持城市园林绿化10年研究规划，为我国园林发展作出了巨大贡献。1964—1968年，汪菊渊担任北京市园林局局长。1972年后，汪菊渊先后出任北京市园林局花卉处顾问、副局长、总工程师和技术顾问等职务，在工作岗位恪尽职守，兢兢业业（图1-5）。与此同时，他长期担任北京林学院（1985年改名为北京林业大学）兼职教授和硕士研究生导师，继续从事他喜爱的教育事业。

20世纪80年代，风景园林事业迅速发展，汪菊渊撰写了《绿化美化首

图 1-5　1983 年，汪菊渊在北京园林局的办公室（汪原平　供图）

都的几个基本问题》《自然保护、风景保护与历史园林保护》等论文，主持风景名胜区总体规划评审，为城市园林绿化建设和风景名胜区保护利用作出了很大贡献（图1-6、图1-7）。

汪菊渊积极倡导和创办了一系列园林学会，包括中国园艺学会、中国园林学会和中国风景园林学会。他先后担任中国园艺学会秘书长、副理事长、顾问，中国花卉盆景协会副理事长、理事长，中国建筑学会园林学会

图 1-6　1980 年，汪菊渊（二排左六）参加全国风景名胜区规划设计学术讨论会（汪原平　供图）

图 1-7　汪菊渊参加第三次全国城市园林绿化工作会议，与北京林业大学师生合影（前排左四为汪菊渊，左三为陈俊愉）（汪原平 供图）

副理事长，中国风景园林学会副理事长、名誉理事长，中国城市科学研究会理事，中国绿化基金会理事，《花木盆景》杂志社名誉社长，等等；主持和指导创办了《园艺学报》《园林与花卉》《中国园林》《花木盆景》等刊物，与数十位专家签名呼吁成立园林学科一级学会，为风景园林社会工作作出了巨大的贡献（图1-8、图1-9）。

汪菊渊在城乡建设科学研究方面也颇有建树。1985年，他主持了我国技术政策中城乡建设园林绿化部分，参加编制的《中国技术政策：城乡建设》发表于国家科学技术委员会蓝皮书第6号。这一技术政策是"国家十二个重要领域技术政策的研究"的组成部分，荣获国家科学技术进步奖一等奖。国家科学技术委员会、国家计划委员会和国家经济委员会给汪菊渊颁发了证书，以表彰他在研究项目中作出的重要贡献。

1989年，经建设部、中国科学技术协会、民政部批准，在杭州成立了中国风景园林学会，汪菊渊被推选为副理事长。他在任副理事长期间（1989—1996年），组织了一系列学术研讨会，积极推动园林事业发展。

汪菊渊精通英语和俄语，曾多次率团出访，进行对外交流，广泛宣传我国的园林建设成就。1957年，他率领中华人民共和国成立后的第一个园

图 1-8　1987 年，汪菊渊（前排左二）和黄庆喜（前排右一）前往广东肇庆参加全国园林专业会议
（资料来源：北林园林资讯）

图 1-9　1987 年，汪菊渊（前排右二）参加中国观赏植物研讨会
（资料来源：北林园林资讯）

林代表团赴英国伦敦参加世界公园协会成立大会，并向大会致辞；1980年，应日本农业农民协会的邀请，赴日本考察森林和环境绿化工作，进行学术交流，得到国际专家学者的好评。1994年11月，汪菊渊由中国风景园林学会提名推荐为中国工程院院士候选人，并于1995年5月当选中国工程院院士，实现了园林学科院士零的突破。

几十年来，汪菊渊还积极参政议政。1956年，当选为北京市第二届人民代表大会代表。1958—1963年，连续当选北京市第三届、第四届、第五届人大代表。1977年，任北京市第五届政协委员。1983年，任政协第六届全国委员会委员。1985年，任中国民主同盟北京市委员会委员。1988年，任政协第七届全国委员会委员（图1-10）。

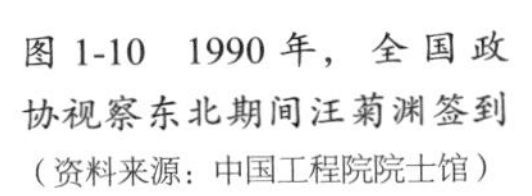

图 1-10　1990 年，全国政协视察东北期间汪菊渊签到
（资料来源：中国工程院院士馆）

第三节

理论研究与撰文著书

汪菊渊非常重视我国古代园林历史的总结和研究。他深刻认识到中国园林要屹立于世界风景园林之林，必须重视历史、挖掘历史；要发展学科，必须扎扎实实地研究其渊源及发展规律。他身体力行，承担了建设部园林领域重要课题“中国古代园林史研究”，出版了《中国古代园林史》，论证了我国园林发展的源头和主体。其学术成就为中国风景园林学科基础理论的研究和学科体系的建设作出了重大贡献，为后人留下了宝贵的财富（图1-11）。未来中国风景园林将继续扎根于传统园林的土壤，展现蓬勃的生命力。

一、园理研究

汪菊渊广泛搜集史料，深入调查研究，早在20世纪50年代就撰写完成中外园林史研究的早期范本——《中国古代园林史纲要》和《外国园林史纲要》（图1-12、图1-13）。除大量论文与著作外，他还主持编纂了《中

城市生态与城市绿化系统

汪菊渊

本文不是一篇学术性论文，[illegible]简要地叙明园林学与城市科学的关系，城市生态与绿化系统的关系。这两个问题，对于社会上来说，不一定都了解，或有所了解也不全面，这篇短文也许有所帮助。作为试说，文中肯定有不当和错误之处，希同志们指正。

一、城市、城市科学与园林学

城市，简单说来，是一定规模的地区，通过改造自然和社会，为人们构成一个创造物质财富、精神财富和生活环境的综合环境。现代城市往往是经济、政治、文化的中心，列宁曾经说过：“城市是经济、政治和人民的精神生活的中心，是前进的主要动力。”

城市从来就是一个综合体，在过去最初发展阶段上比较简单，随着蒸汽机的发明，工业革命的开始，使大工业在城市里集中起来，引起了城市根本性的变化，工业结构成为城市

图1-11　汪菊渊照片与手稿（资料来源：中国工程院院士馆）

图 1-12　汪菊渊自著、自藏的《中国古代园林史纲要》（汪原平 供图）

图 1-13　汪菊渊自著、自藏的《外国园林史纲要》（汪原平 供图）

国大百科全书：建筑·园林·城市规划》中的园林部分，对建立中国风景园林学科体系作出了重要的贡献。他在晚年承担了当时建设部园林领域重要课题“中国古代园林史研究”，完成了210余万字的鸿篇巨著。

1978年，国务院决定编辑出版《中国大百科全书》，成立大百科全书出版社。这是我国第一部大型综合性百科全书，内容包括哲学、社会科学、文学艺术、自然科学、工程技术等各个学科和领域。建筑、园林和城市规划学科合编为其中一册，汪菊渊担任该册编辑委员会副主任和园林学科主编。

1988年5月，《中国大百科全书：建筑·园林·城市规划》出版，是我国第一次以官方形式明确园林学为独立的知识体系，与建筑、城市规划合为城市建设的“三驾马车”。以汪菊渊为首的专家们为园林学确立了重要的地位。

汪菊渊在书中界定了园林学性质、范围，阐述了园林学的发展历史，概括了园林学的研究内容。他高瞻远瞩地指出：“园林学的发展一方面是引入各种新技术、新材料、新的艺术理论和表现方法用于园林营建，另一方面进一步研究自然环境中各种因素和社会因素的相互关系，引入心理学、社会学和行为科学的理论，更深入地探索人对园林的需求及其解决途径。”

二、重要著述

汪菊渊在学生时期就研读我国古代造园专著——《园冶》（重刊本，中国营造学社出版）。20世纪50年代初，他潜心研究园林历史，集中查阅了大量古籍文献，撰写了《中国古代园林史纲要》和《外国园林史纲要》，是新中国成立后对于中外园林史最早的论述。1958年，两本纲要以油印本形式作为园林史课程教材，并于1964年重印；1981年，由北京林学院正式铅印，并被国内许多高校翻印，为园林史课程教学填补了教材空白。这套教材前后沿用20多年，培育了一批又一批的园林学子。

20世纪60年代，汪菊渊还发表《我国园林最初形式的探讨》等文章，提出我国园林的最初形式——囿，以及园林作为文化遗产和其中体现的民族形式等重要观念，在当时有其特殊意义。

汪菊渊在任北京市园林局局长等领导职务时，仍继续研究园林历史，在1966—1976年也未中断。1982年，城乡建设环境保护部下达中国古代园林史科研项目，在汪菊渊的倡导和主持下，组织全国各地的专业人员进行调查研究，为课题提供了大量的史料素材，进一步充实了古代园林史的研究内容。

1982年后，汪菊渊不断发表园林史研究论文，在《林业史园林史论文集（第二集）》发表《北京明代宅园》《北京清代宅园初探》；1985—1986年在《中国园林》上连续发表了均以《中国山水园的历史发展》为题的4篇文章。

20世纪90年代初，《中国古代园林史》准备在中国建筑工业出版社出版，为此汪菊渊又重新整理和编写书稿，于1994年基本完成。不幸的是，1996年1月28日汪菊渊遽然病逝，《中国古代园林史》未能在其生前出版发行。

汪菊渊博古通今，注重调查研究，全国各地均留下他的足迹。风景园林史以空间形象为研究对象，文字资料再全也不能代替图像。汪菊渊找机会对全国各类型风景园林进行了实地考察，拍摄的照片、绘制的图纸有3000多张，写下了近百万字的札记、手稿，查阅了无数前人的书籍。

《中国古代园林史》是汪菊渊毕生心血的结晶，辛劳一生的硕果。书中展现了自有文字记载的殷商至清代为止的中国园林历史。全书分为12章，其中主体的10章包括：殷周先秦时期的囿苑宫室，秦汉时期的建筑宫苑，魏晋南北朝时期的园林，隋唐五代时期的园林，辽金时期的园林，六朝时期的都城和宫苑，明清时期的都城和宫苑，清朝的离宫和别苑，北京、华北、江苏明清园墅，浙江、安徽、福建、台湾、中南、岭南、西北地区的园墅等园林建筑及其发展历史。全书共170万字，附图近500张。

汪菊渊深知研究中国古代园林历史的艰辛：相关文字资料非常零散，在明代《园冶》问世之前，缺乏园林专著，对园林的描述和讨论散见于笔记、游记和山水诗词等文学作品中；造园理论也很缺乏，常常借用绘画理论，特别是山水画论；历代园林遗存保护不善，优秀古代园林案例所剩无几。但是，他坚信：只要能严谨地选择可靠的历史资料，利用历史唯物主义方法进行整理和分析研究，明确内容决定形式、形式又反作用于内容的辩证关系，是可以认识整个园林史的发展规律的。

通过对古代的政治、经济及城市、建筑等，尤其对园林历史的挖掘和研究，汪菊渊总结道：到近代为止，我国整个园林总和的形式，从囿开始，不断发展、完善和成熟——中国山水园，是中华民族所特有和独创的形式。《中国古代园林史》的最后一章，着重论述了我国古代山水园和园林艺术的传统。

汪菊渊编撰的《中国古代园林史》是一部巨著，正如陈俊愉院士为该书作序时写道，这一著作“是对传承文明、开拓创新中所做的一次里程碑式的贡献”。《中国古代园林史》书稿由汪菊渊的儿子汪原平保存和整理。汪菊渊去世后，中国风景园林学会请有关专家整理书稿，于2005年初开始进行审稿校对工作，最终在中国建筑工业出版社的支持帮助下于2006年春天正式出版，全书170余万字，附图近500张，但第十二章第二节未能找到，几年后才找到缺失的书稿。到2012年第二版印刷时进行了补充，全书210余万字，附图近500张（图1-14、图1-15）。

图 1-14 《中国古代园林史》封面（资料来源：中国园林博物馆-微园林）

图 1-15 《中国古代园林史》内页（资料来源：中国园林博物馆-微园林）

参考文献

陈有民. 纪念造园组(园林专业)创建五十周年[J]. 中国园林, 2002(1): 4-5.
黄晓鸾. 中国园林学科的奠基人: 汪菊渊院士生卒[J]. 中国园林, 2006(1): 11-15.
林广思. 回顾与展望: 中国LA学科教育研讨(1)[J]. 中国园林, 2005(9):1-8.
王秉洛. 忆学科奠基人汪菊渊先生二三事[J]. 中国园林, 2013, 29(12): 40.
王希群, 郭保香. 汪菊渊年谱[M]// 王希群, 郭保香. 中国林业事业的先驱和开拓者. 北京: 中国林业出版社, 2022: 99-128.
中国科学技术协会. 中国科学技术专家传略・工程技术编・土木建筑(卷1)[M]. 北京: 中国科学技术出版社, 1994.
《中国园林》编辑部. 汪菊渊教授生平简介[J]. 中国园林, 1996(2): 23.

第二章

学科创始，蔚成宗师

图 2-1　1983 年，《中国大百科全书》园林分支学科编委们（摄于湛江海滨宾馆，左四为汪菊渊，左六为孟兆祯）（汪原平 供图）

1951年，汪菊渊参与创办造园组，同时他也开始思考如何建立与完善园林学科。经过30多年的探索和实践，他在20世纪80年代完成的两篇文章，阐释了对于园林学科的理解和认识。第一篇是《中国大百科全书：建筑·园林·城市规划》的《园林学概说》（图2-1），介绍了园林学的性质、范围，中西园林史发展的历程，园林学的研究内容和对于未来的展望，等等，有助于从较高的学科视角把握园林学科的特点。第二篇是1987年发表的《城市生态与城市绿地系统》，阐释了园林学与城市科学的关系、城市生态与绿地系统的关系，从更大维度来认识园林学科的特征及其与相关学科的联系。

第一节

园林学科的性质与内容

图 2-2 《中国大百科全书：建筑·园林·城市规划》封面

1978年，国务院启动《中国大百科全书》的编纂与出版工程，汪菊渊担任《建筑·园林·城市规划》的编辑委员会副主任，兼任园林学科编写组的主编（图2-2）。他组织了童寯、孟兆祯、黄庆喜、郦芷若、周维权、曹汛、侯幼彬、潘谷西等专家撰写词条，并亲自撰写了《园林学概说》和囿、苑、上林苑、建章宫、辋川别业、园林等词条，该书于1988年出版。这次编写框架的研讨，实际上是一次对学科发展的检视，对学科基础、结构体系的梳理，是对学科发展走向成熟的推进。

一、园林学的学科特征

汪菊渊首先指出园林学的学科内容：是研究如何合理运用自然因素（特别是生态因素）、社会因素来创建优美的、生态平衡的人类生活境域的学科。游乐和休息是人们恢复精神和体力所不可缺少的需求。几千年来，人们一直在利用自然环境，运用水、土、石、植物、动物、建筑物等素材来创造游憩境域，进行营造园林的活动。园林主要有供人们游乐休息、美化环境和改善生态3个方面作用。园林的营造是一项多学科融合的工作，在园林营建中，改造地形，筑山叠石，引泉挖湖，造亭垒台和莳花植树，要运用地貌学、生态学、园林植物学、建筑学、土木工程等方面的知识，还要运用美学理论，尤其是绘画和文学创作理论。在规划各种类型的园林绿地时，需要考虑它们在地域中的地位和作用，这就涉及城市规划、社会学、心理学等方面的知识。园林建设和经营管理要耗费大量物质财富和劳动力，在宏观布局和具体项目的规划设计中，必须充分考虑社会效益、环境效益和经济效益。

二、园林学的内涵和外延

汪菊渊提出了园林学的内涵和外延随着时代、社会和生活的发展，随着相关学科的发展，不断丰富和扩大。对园林的研究，是从记叙园林景物开始的，之后发展到或从艺术方面探讨造园理论和手法，或从工程技术方面总结叠山理水、园林建筑、花木布置的经验，逐步形成传统园林学科。资产阶级革命以后，出现了公园。先是开放王公贵族的宫苑供公众使用；后来研究和建设为公众服务的各种类型的公园、绿地等。20世纪初，英国E.霍华德提出“田园城市”理论；十月革命后，苏联将城市园林绿地系统列为城市规划的内容，逐渐形成城市绿化学科。随着人们对自然依存关系的再认识和环境科学、城市生态研究的发展，人们逐步认识到人类不仅需要维护居住环境、城市的良好景观和生态平衡，而且一切活动都应该避免破坏人类赖以生存的大自然。园林学的研究范围随之扩大到探讨区域的以至国土的景物规划问题。园林学的性质，是从记叙景物到探讨造园理法和工程经验逐步形成学科；园林学的范围，是从早期的宫苑、私园发展到公园、绿地、城市绿化以至国土的景物规划等（图2-3）。

三、园林学的研究范围

汪菊渊将园林学的研究范围概括为3个层次：传统园林学、城市绿化和大地景物规划。这充分说明园林学是不断发展、不断延伸拓展的学科。他进而论述了这3个层次的研究内容：①传统园林学主要包括园林历史、园林艺术、园林植物、园林工程、园林建筑等分支学科；②城市绿化学科是研究绿化在城市建设中的作用，确定城市绿地定额指标，规划设计城市

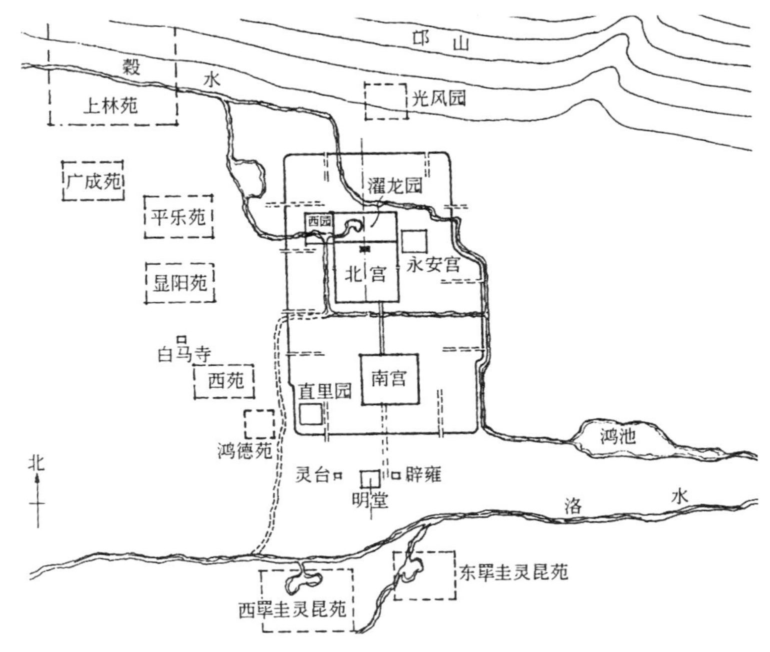

图 2-3　东汉洛阳城主要宫苑分布示意图（资料来源：汪菊渊《中国古代园林史》）

园林绿地系统，其中包括公园、街道绿化等；③大地景物规划是发展中的课题，其任务是把大地的自然景观和人文景观当作资源来看待，从生态价值、社会经济价值和审美价值3个方面来进行评价，在开发时最大程度地保存自然景观，最合理地使用土地，是以整个国土为范围的规划。汪菊渊以历史的科学发展观指出，园林学从传统园林学发展为现代的城市绿化学科和大地景物规划学，后者在工作中也要应用传统园林学的基础知识，因此传统园林学是当今风景园林学的根基。

基于以上认识，汪菊渊展开了园林学发展简史的介绍，涉及中西园林的发展历程及其体现的工程技术、艺术形象和创作思想等。

四、中国园林发展简史

在《园林学概说》“园林学在中国的发展”部分，汪菊渊指出不同时期中国园林的主要特点：

（1）最早见于史籍的中国园林是公元前11世纪西周的灵囿（图2-4）。囿是利用天然山水林木，挖池筑台而成的一种游憩生活境域，供天子、诸侯狩猎游乐。

图 2-4 远望周文王灵台遗址（资料来源：汪菊渊《中国古代园林史》）

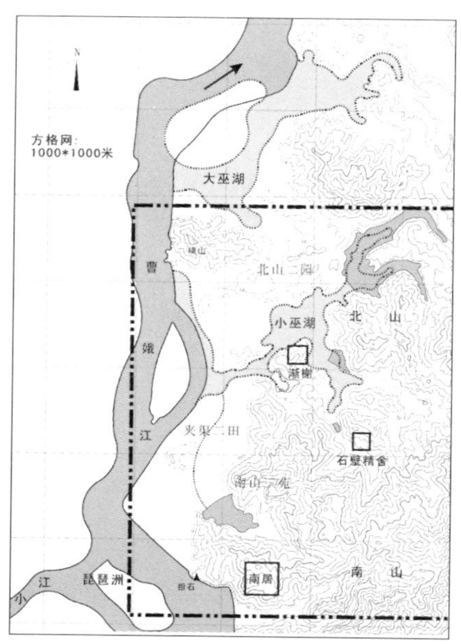

图 2-5 谢灵运始宁山居平面示意图（王欣 绘）

（2）从《史记》《汉书》《三辅黄图》《西京杂记》等史籍中可以看到，秦汉时期园林的形式在囿的基础上发展成为在广大地域布置宫室组群的“建筑宫苑”。

（3）魏晋南北朝时期，社会动乱，哲学思想上儒、道、佛诸家争鸣，士大夫为逃避世事而寄情山水，影响到园林创作（图2-5）。两晋时期，诗歌、游记、散文对田园山水的细致刻画，对造园的手法、理论有重大影响。从文献中可以看到，这时期大量涌现的私园已从利用自然环境发展到模仿自然环境的阶段，筑山造洞和栽培植物的技术有了较大发展，造园的主导思想侧重于追求自然情致，如北魏张伦在宅园中“造景阳山，有若自然”，产生了“自然山水园”。

（4）唐宋时期，园林创作同绘画、文学一样，发生了重大变化（图2-6）。从南朝兴起的山水画，到盛唐已臻于成熟，以尺幅表现千里江山。歌咏田园山水的诗，更着重表现诗人对自然美的内心感受和个人情绪的抒发。在文学理论方面，盛唐诗人王昌龄首先提出了诗的“意境”之说。园林创作，也从单纯模仿自然环境发展到在较小境域内体现山水的主要特点，追求诗情画意，产生了“写意山水园”（图2-7）。唐宋时期有

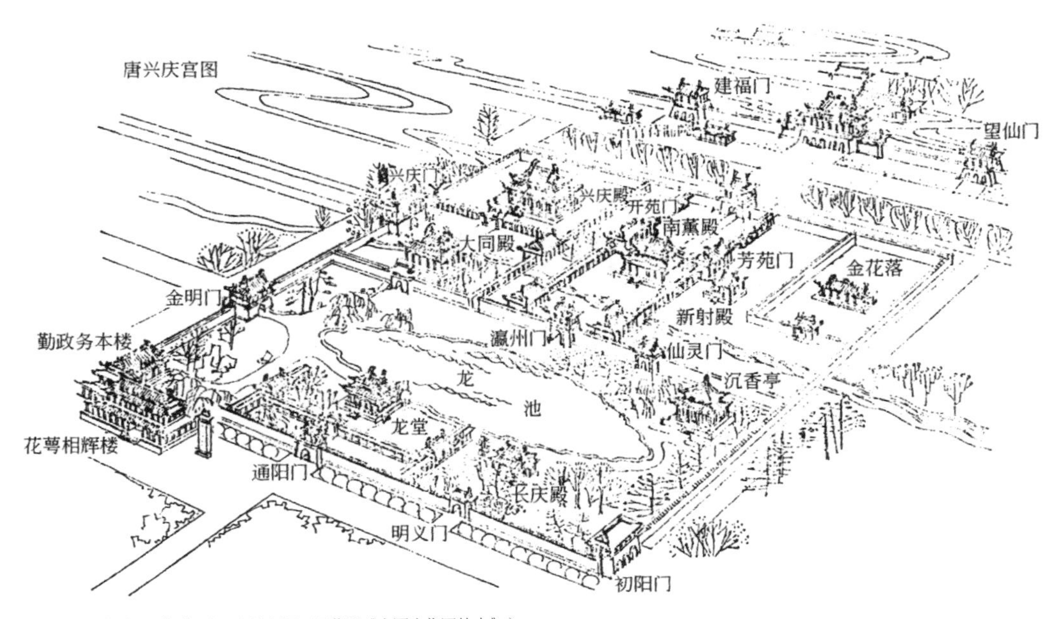

图 2-6 唐代兴庆宫图（资料来源：汪菊渊《中国古代园林史》）

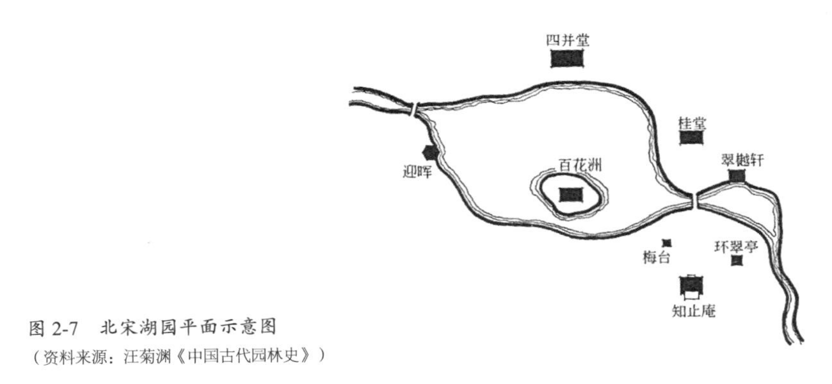

图 2-7 北宋湖园平面示意图
（资料来源：汪菊渊《中国古代园林史》）

些文学作品提出了造园理论和园林的布局手法，宋朝开始有评述名园的专文。这些文人欣赏园林所写的评述，对明清时期文人山水园的造园艺术原则和欣赏趣味颇有影响（图2-8）。

汪菊渊重点讨论了文学、绘画与园林的关系，他指出："田园山水诗、游记和散文，山水画和画论，以及一般艺术和美学理论，对于自然山水园发展为唐宋写意山水园和明清文人山水园都有重大影响。这种影响主要在认识自然、表现自然，以及园林布局、构图、意境等方面提供借鉴。"同时他强调，园林学的理论体系，只有通过造园实践和经验积累，

图 2-8 明清文人山水园的代表苏州网师园（黄晓 供图）

并经过造园家的提炼和升华才能产生。因此，最后将重点落在造园匠师上，他指出“明代已有专业的园林匠师，他们运用前代造园经验并加以发展”。明代造园家计成的《园冶》是关于中国传统园林知识的专著，是实践的总结，也是理论的概括。书中主旨是要“相地合宜，构园得体”，要“巧于因借，精在体宜”，要做到“虽由人作，宛自天开”。明代文震亨的《长物志》中有花木、水石等卷谈及园林。明末清初李渔的《闲情偶寄·居室部》中《山石》一章，对庭园掇山叠石有独到的见解。计成和李渔都既有丰富的造园实践经验，又有高度的诗、画艺术素养，他们提出的一些造园原则，至今仍很有启发意义。

随着东西方文化交流的增多，汪菊渊介绍了进入近代以来中国园林的情况。他指出：“1868年外国人在上海租界建成外滩公园以后，西方园林学的概念进入中国，对中国传统的园林观有很大的冲击。1911年辛亥革命前后，中国城市中自建公园渐多（图2-9）。无锡《整理城中公园计划书》中，将公园列为都市建设的项目。从20世纪20年代起，中国一些农学院的园艺系、森林系或工学院的建筑系开设庭园学或造园学课程，中国开始有现代园林学教育，同传统的师徒传授的教育方式并行。”这时期有许多学者出版了著作，如1926年童玉民的《造庭园艺》、叶广度的《中国庭园概观》，1934年范肖岩的《造园法》，1935年莫朝豪的《园林计划》、

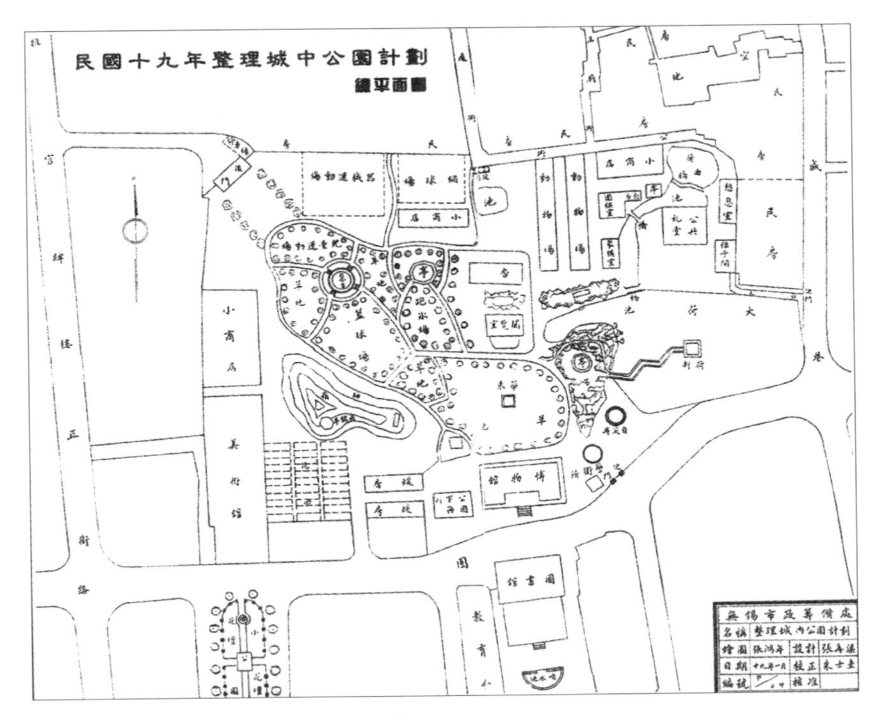

图 2-9　无锡市城中公园总平面图（1930 年）

陈植的《造园学概论》，1937年童寯完成的《江南园林志》（1963年出版），等等。这些著作论述了园林植物、园林史、园林规划设计等方面的问题，并介绍国外风景建筑学的知识，对学科的建构和发展起到了重要的推动作用。

汪菊渊还梳理了中华人民共和国成立以来园林学的发展历程。园林学的研究范围“由于城市绿化和园林建设的大量实践，从传统园林学扩大到城市绿化领域；由于旅游事业的迅速发展，又扩大到风景名胜区的保护、利用、开发和规划设计领域”，这就是他论述的园林学研究范围的3个层次的形成。这个时期在学术研究方面，多名专家一方面吸收国外风景建筑学科和城市绿化学科的理论，另一方面致力于中国传统园林艺术理论的研究，以期形成具有中国特色的中国现代园林学科。首先，体现在大批园林著作的出版：刘敦桢的《苏州古典园林》和童寯的《造园史纲》，反映对古典园林和园林史研究的成就；陈植的《园冶注释》扩大了《园冶》这本传统园林著作的影响；陈从周的《说园》对欣赏园林和园林创作艺术提出了有益的观点；中国城市规划设计研究院编的《中国新园林》是有关中国当代园林设计方面的专集。其次，是园林人才的培养：1951年北京农业大学园艺系和清华大学营建系合作创立了中国第一个造园专业，有较完备的教学计划和课程设置；到20世纪80年代全国已有10多所农林、建筑、城建院校开办了观赏园艺、风景园林和园林的系或专业。最后，是专业学术平台的建立：1983年在中国建筑学会下建立园林学会，出版学术刊物《中国园林》。

五、西方园林发展简史

为了更好地认识中国园林，还需要站在全球的视角综合观察。作为比较，汪菊渊论述了“园林学在西方的发展”，将其分为8个阶段。

（1）埃及和西亚的古代园林。世界上最早的园林可以追溯到公元前16世纪的埃及，从古代墓画中可以看到祭司大臣的宅园采取方直的规划，有规则的水槽和整齐的栽植。西亚的亚述有猎苑，后演变成游乐的林园。巴比伦、波斯气候干旱，重视水的利用。波斯庭园的布局多以位于“十”字形道路交叉点上的水池为中心。这一手法被阿拉伯人继承下来，成为伊斯兰园林的传统，流传于北非、西班牙、印度，传入意大利后，演变成各种水法，成为欧洲园林的重要内容。

（2）古希腊、古罗马的古代园林。古希腊通过波斯学到西亚的造园艺术，发展成为住宅内布局规则方整的柱廊园。古罗马继承古希腊庭园艺术和亚述林园的布局特点，发展成为山庄园林。

（3）中世纪的园林。欧洲中世纪时期，封建领主的城堡和教会的修道院中建有庭园。修道院中的园地同建筑功能相结合，如在教士住宅的柱廊环绕的方庭中种植花卉，在医院前辟设药圃，在食堂厨房前辟设菜圃，此外，还有果园、鱼池和游憩的园地等。在今天，英国等欧洲国家的一些校园中还保存这种传统。13世纪末，罗马出版了P.克里申吉著的《田园考》（*Opus Ruralium Commodorum*），书中有关于王侯贵族庭园和花木布置的描写。

（4）文艺复兴时期的园林。意大利的佛罗伦萨、罗马、威尼斯等地建造了许多别墅园林。以别墅为主体，利用意大利的丘陵地形，开辟成整齐的台地，逐层配置灌木，并把它们修剪成图案形的植坛，顺山势运用各种水法（流泉、瀑布、喷泉等），外围是树木茂密的林园。这种园林通称为“意大利台地园”。台地园在地形整理、植物修剪艺术和水法技术方面都有很高成就。佛罗伦萨建筑师L. B.阿尔伯蒂的《论建筑》一书把庭园作为建筑的组成部分，书中的第九篇论述了园地、花木、岩穴、园路布置等。

（5）法国园林。法国继承和发展了意大利的造园艺术。1638年，法国J.布阿依索写成西方最早的园林专著《论造园艺术》（*Traite du Jardinage*）。他认为，如果不加以条理化和安排整齐，那么人们所能找到的最完美的东西都是有缺陷的。17世纪下半叶，法国造园家A.勒诺特尔提出要“强迫自然接受匀称的法则”。他主持设计凡尔赛宫苑，根据法国这一地区地势平坦的特点，开辟大片草坪、花坛、河渠，创造了宏伟华丽的园林风格，被称为“勒诺特尔风格”，各国竞相仿效。

（6）英国自然风景园。18世纪欧洲文学艺术领域中兴起浪漫主义运动。在这种思潮影响下，英国开始欣赏纯自然之美，重新恢复传统的草地、树丛，于是产生了自然风景园。1764年，英国W.申斯通的《造园艺术断想》（*Unconected Thoughts on Gardening*），首次使用风景造园学（landscape gardening）一词，倡导营建自然风景园。初期的自然风景园创作者中较著名的有C.布里奇曼、W.肯特、L.布朗等，但当时对自然美的特点还缺乏完整的认识。18世纪中叶，W.钱伯斯从中国回英国后撰文介绍中国园林，他主张引入中国的建筑小品。他的著作在欧洲，尤其在法国颇有影响。18世纪末，英国造园家H.雷普顿认为自然风景园不应任其自然，而要加工，以充分显示自然的美而隐藏它的缺陷。他并不完全排斥规则布局形式，在建筑与庭园相接地带也使用行列栽植的树木，并利用当时从美洲、东亚等地引进的花卉丰富园林色彩，把英国自然风景园向前推进了一步。1841年，美国造园家A.J.唐宁所著《风景造园理论与实践概要》（*A Treatise on the Theory and Practice of Landscape Gardening*），对美国园林颇有影响。

（7）现代公园的出现。从17世纪开始，英国把贵族的私园开放为公园。18世纪以后，欧洲其他国家也纷纷仿效。自此西方园林学开始了对公园的研究。

（8）现代风景建筑学的建立。19世纪下半叶，美国风景建筑师F. L.奥姆斯特德于1858年主持建设纽约中央公园时，创造了“风景建筑师”（landscape architect）一词，开创了风景建筑学。他把传统园林学的范围扩大了，从庭园设计扩大到城市公园系统的设计，以至区域范围的景物规划。他认为城市户外空间系统以及国家公园和自然保护区是人类生存的需要，而不是奢侈品。

六、园林学的研究内容

汪菊渊强调了园林学的三大研究内容传统园林学、城市绿化和大地景物规划都要应用传统园林学的基础知识。因此，他对于传统园林学的几个主要分支学科——园林史、园林艺术、园林植物、园林工程和园林建筑作了简要介绍。

园林史，主要是研究世界上各个国家和地区园林的发展历史，考察园林内容和形式的演变，总结造园实践经验，探讨园林理论遗产，从中汲取营养，作为创作的借鉴（图2-10）。从事园林史研究，必须具备历史科学知识，包括通史和专门史，尤其是美术史、建筑史、思想史等方面。

园林艺术，主要是研究园林创作的艺术理论，其中包括园林作品的内容和形式、园林设计的艺术构思和总体布局、园景创作的各种手法、形式美构图原理在园林中的运用等。园林是一种艺术作品，园林艺术是指导园林创作的理论。从事园林艺术研究，必须具备美学、艺术、绘画、文学等方面的基础理论知识。园林艺术研究应与园林史研究密切结合起来。

图 2-10　梨花伴月复原鸟瞰图（资料来源：汪菊渊《中国古代园林史》）

园林植物，主要是研究应用植物来创造园林景观。在掌握园林植物的种类、品种、形态、观赏特点、生态习性、群落构成等植物科学知识的基础上，研究园林植物配置的原理，植物的形象所产生的艺术效果，植物与山石、水体、建筑、园路等相互结合、相互衬托的方法，等等。

园林工程，主要是研究园林建设的工程技术，包括地形改造的土方工程，掇山、置石工程，园林理水工程和园林驳岸工程，喷泉工程，园林的给水排水工程，园路工程，种植工程，等等。园林工程的特点是以工程技术为手段，塑造园林艺术的形象。在园林工程中运用新材料、新设备、新技术是当前的重大课题。

园林建筑，主要是研究在园林中成景的，同时又为人们赏景、休息或起交通作用的建筑和建筑小品的设计，如园亭、园廊等。园林建筑不论单体或组群，通常是结合地形、植物、山石、水池等组成景点、景区或园中园，它们的形式、体量、尺度、色彩以及所用的材料等，同所处位置和环境的关系特别密切。因地因景，得体合宜，是园林建筑设计必须遵循的原则。

七、园林学的未来展望

汪菊渊在《园林学概说》中对园林学未来的发展进行了展望，他指出，当代在世界范围内城市化进程的加速，使人们对自然环境更加向往；科学技术的日新月异，使生态研究和环境保护工作日益广泛深入；社会经济的长足进展，使人们闲暇时间增多，促进旅游事业蓬勃发展。因此，园林学这样一门为人的舒适、方便、健康服务的学科，一门对改善生态和大地景观起重大作用的学科，有了更加广阔的发展前途。园林学的发展应重视两点：一方面是引入各种新技术、新材料、新艺术理论和新表现方法用于园林营建；另一方面是进一步研究自然环境中各种因素和社会因素的相互关系，引入心理学、社会学和行为科学的理论，更深入地探索人对园林的需求及其解决途径。

第二节

园林学与城市科学的关系

1987年，汪菊渊发表《城市生态与城市绿地系统》一文，阐释了园林学与城市科学的关系，城市生态与绿地系统的关系。此外还有《〈城市生态学〉序言》《城市生态与城市绿地系统》《运用城市绿地减轻公害初探》等文章，从更为广阔的维度认识园林学的特征及其与相关学科的联系。

一、城市、城市科学与园林学

汪菊渊从城市的特征入手指出：城市，简单说来，即一定规模的地区，通过改造自然和修建，为人们构成一个创造物质财富、精神财富和生活所需要的综合境域。现代城市往往是经济、政治、文化的中心。由于人们的生活方式、需求、爱好和习惯有着很大的差异，城市生活表现出多样化，城市生活包括政治生活、经济生活、文化生活和游憩生活等。现代城市还要相应地发展文化、教育、医疗保健等事业。他引用列宁的名言强调：城市是经济、政治和人民的精神生活的中心，是前进的主要动力。

城市经历了从简单向复杂的演化过程，城市从来就是一个综合体，不过在最初发展阶段上比较简单，但随着蒸汽机的发明，工业革命的开始，使大工业在城市里集中起来，引起了城市根本性变化，工业结构成为城市经济的主要结构。工业的集中带来了人口的集中，从而促使城市社会结构的复杂化。工业的发展和人口的集中，需要相应的基础设施、能源、城市供水、现代化交通运输和通信设施等。城市人口的过分集中，也产生了种种社会问题，如人口问题、劳动就业问题、公共道德和治安问题等。

城市的复杂化引发了种种问题，由于工业和人口的集中，引起了城市功能结构的变化和布局的混乱。城市中出现了大片工厂，沿河被厂房、码头、货栈所占，住宅拥挤，甚至居住区中有产生污染的工厂等，使城市环境恶化，远离自然；城市的污染（空气、水、噪声等），甚至严重地影响到人们的生存。近代欧洲以及美国、日本等许多国家的大城市经历了痛苦的历程。从19世纪中叶开始，人们就进行城市研究，做了种种理论探索和实践。但随着社会经济、科学文化的发展，又产生了一系列新的、严重的城市问题，迫使人们探索从根本上解决城市问题的途径。20世纪以来，有感于城市问题的错综复杂，必须进行系统研究，从政治、经济、社会、历史、文化等不同角度、多个方面进行综合研究。

为了解决这些问题，需要综合多个学科共同努力。城市科学这个新的学术领域由此开展起来。它是多学科的大交叉和融合，包括自然科学（生物学、生态学、地质学、地理学、化学等）、社会科学（政治学、经济学、社会学、管理学、法学等）、应用科学、技术科学（建筑学、工程学、水利学、园林学和城市绿化等），以及应用数学、系统工程学等。

园林学是研究人类与自然或自然要素相互依存关系下，创作人类居住、劳动和游憩的合理的优美的生活境域（即园林），以及更大范围城市的和国土的，为了生态系统平衡、环境质量改善和大地景物规划而进行绿化、美化的一门科学。这一内容决定了它在解决城市问题中的重要作用，园林学与城市相结合即为“城市绿化”。汪菊渊指出，城市化进程的加快，工业的迅速发展，环境和生态的破坏，使公害日益严重，最终将威胁到人类的生存。于是，人们逐步认识到，如果在城市规划上有合理的布局，特别是工业布局和相应防护措施，并有一定方式的绿化种植和合宜的绿化系统，上述城市污染和公害是可以得到减轻甚至消除的。他引用苏联作为参考案例：苏联，鉴于资本主义国家城市发展带来的混乱和公害，在贯彻对人的关怀的原则下，为改善城市环境质量和美化城市面貌而发展了城市绿化这门新的分支学科。

城市绿化的研究领域，主要是为了改善城市气候和环境质量，防治污染，维护城市生态平衡，为居民创造方便、优美的游憩生活境域，进行城市绿化系统的规划，以及各种类型的规划设计。自20世纪60年代以来，城市绿化日益受到人们的重视，正因为通过绿化能保护人和自然相互依存的关系，能改善城市的环境质量，能维护城市生态的健全，能创造适宜于并有益于人类生活的境域。汪菊渊指出，人类是逐步地认识到自身生存与自然或自然因素相互依存的关系；认识到自身在改造自然中，可能受到自然报复的惩罚；认识到环境中的大气、水、土地、植物、动物（也包括人类）等是相互依存、相互影响和相互制约的整体，即生态系统。当不断地受到自然还偿的惩罚后，人们越来越感到要合理地使用自然资源，首先必须保护自然资源，要回应环境的挑战，通过人的主宰作用，使地球成为适宜于并有益于人类生活的居住地。这样，就应深入地发展自然科学、生态学、技术学、控制管理和环境规划方面的研究，于是一门新的学科即环境科学（environmental science）兴起，并发展成长。环境科学的思想和理论影响下，发展了环境计划（environment planning）这个学科。而在进一步影响下，在园林学领域，开始孕育并发展大地景物规划（landscape planning）这一新的分支学科。

汪菊渊总结了“大地景物规划”学科的研究领域，主要涉及区域环境规划中一些大的较复杂的、有关城镇与大都市之间的、保持生态平衡和环境美化的规划，包括人工环境地区和自然风景地区之间相互渗透、相互结合的景物规划；小而言之，还包括城市之间公路两旁的造景美化。作为单体的特殊的境域规划时，有风景名胜区、国家公园和自然保护区及其游览部分的规划设计。更进一步时，有以整个国土为范围的大地景物规划。

通过以上论述，汪菊渊梳理出传统园林学、城市绿化与大地景物规划的前后关联和演变关系，将之总结为“传统的园林学、城市绿化、大地景物规划，就大系统来说，都是从某个方面以城市、区域为对象的，都是属于城市科学这个范畴或体系的，都是这个大交叉综合学科领域里的相关学科。”

二、城市环境、城市生态与城市绿地系统

汪菊渊也论述了城市环境、城市生态与城市绿地系统三者的关系。

首先是城市环境。汪菊渊指出，环境就是围绕某个主体，占据一定空间，构成主体存在条件的所有物质实体。城市环境，对于城市居民来说，就是整个城市的大气、水体、土地、森林、草原、动物、农田、花草树木（栽植的）、建筑、道路、构筑物、公用设施以及社会因素等，亦即城市居民生存和活动的环境。

其次是城市生态。生态学，简单说是研究生物与环境关系的学科。以生物为主体，以周围环境为客体，共同构成一个统一的整体，就叫作生态系统。研究人类与环境关系的就叫作人类生态学。以居民为主体，城市环境（包括自然环境与社会环境）为客体，共同构成一个统一的整体，就叫

作城市生态系统（或简称城市生态）。城市生态系统是人类长期适应改造自然环境而逐步建立起来的人工生态系统。

城市生态系统与自然生态系统有所区别。自然生态系统在受到外界干扰，自然的或人为的较少干扰情况下，能够自我调节、自我修复、自我维持、自我发展，以保持系统内部生物与生物之间、生物与环境之间的平衡。城市生态系统是在城市发展中，自然与人工相结合的复杂系统。当人类社会原始农业有了发展，人们逐步定居下来，形成自然村落、聚居地时，人工生态系统就开始萌芽。但那时人的生产活动对自然没有多大影响，生态系统仍能处于自然平衡状态。随着生产力的发展，城市的出现和发展，人类的影响越来越大，人为因素越来越占主导地位，在不断改造自然环境下，城市由主要为自然生态系统进入包括社会和经济因素在内的综合的人工生态系统。

在以人为主体的城市生态系统中会产生一些问题。人类一方面为了自身而建设城市，创造舒适的生产和生活条件；另一方面是抑制了其他生物的生活和活动，特别是在调节恢复生态平衡中起重要作用的植物（因城市建设而被伐、被铲，或种植后受城市气候、城市土壤的特殊而生长不良或短寿），因而恶化了洁净的自然环境。种种污染，反过来严重地影响了人类的生活和生存。许多研究、论据表明，要解决城市污染，改善城市环境质量，必须一方面减少排废量，把废气、废物等消灭在污染源（有害废气至少达到国家卫生标准或质量标准，把废物集中起来进行处理），即防治污染，不让环境变坏；另一方面必须大力绿化，以改善环境质量，维护生态健全，保护人和自然的相互依存关系，而且要按照合宜的绿地布局来进行绿化。

城市绿地有助于解决这些问题，因为它是构成城市生态系统的一个有机组成部分，起到改善气候、净化空气等作用，是改善环境质量的必要手段。城市绿地，包括各类公共绿地（如综合公园、专类公园、森林公园等），也包括场园（小游园）、街头绿地、街道绿地、公共建筑绿地、单位环境绿地，还包括各种防护绿化带、风景游览区、自然保护区游览部分等。单体绿地，在其周围一定范围内都能起到改善环境质量的作用，即生态效应，并能满足游憩活动的需要。按照现代系统论的观点，系统功能大于个体功能之和。要使城市绿地充分发挥其改善环境质量的功能，更好地满足居民的游憩活动的需要，达到美化城市的目的，就必须根据调查研究和问题，确定基本要求，按照一定的原则来组织、分布绿地，使之成为一个有机的系统。

城市绿地构成系统后，其功能大大增强。中华人民共和国成立以来，我国一直在这方面努力，但仍有需要改进之处。我国一些大城市的总体规划，虽然也有绿地的布局规划，或向苏联学习也称作“绿地系统”，但究其实，尤其在初期，不过是保留一些原有绿地，把不适合作为建筑用地的荒废地、低湿地等规划为绿地，使总体规划图上显示有绿块而已。后来，在绿地系统中，虽讲点（公园）、线（街道绿地）、面（单位环境绿地）结合以形成城市绿地系统，但往往是形而上学的。由于历史原因，人们对绿地系统的实质及其作用缺乏正确的认识，在总体规划中，绿地规划是在大局已定下，补补贴贴，绿叶衬托而已。

进入20世纪80年代，中共中央、国务院关于《北京城市建设总体规划方案》的4项指示和批复中提到，要把北京建成一个清洁、优美、生态健全的城市，这时期社会对城市绿化有了重新认识和提高。但汪菊渊指出，当时这种重视还停留在口头上，到了具体，借以土地紧张、人口增加、住房紧张、工业要发展、投资不足等托词，仍然不能根据环境污染及其特征进行合宜的绿化布局，尤其不重视卫生防护带、隔离带的设置，在改造低层为高层、新建居住小区时，仍没有或未按规定提高绿地比例，在公园绿地方面远远不能按服务半径的规定均匀分布，或虽在总体规划图上画了绿线，但具体建设中用种种借口不予履行……不胜枚举。虽然在街道绿地等门面上的绿化是有成绩的，在绿地总量上，即城市绿化率和人均公园绿地面积指标是有所提高，但要达到改善城市环境质量，维持生态健全，满足居民的游憩生活要求，差距还很大。我们不能不大声疾呼，要认真对待城市绿化，尤其是防护绿化，将其提到应有的地位并积极促其实施，否则的话，将蹈欧美、日本的覆辙，到头来再整治，悔之晚矣。

那么应该如何进行绿地系统的规划呢？汪菊渊给出了具体的规划建议：首先，要根据环境污染状况、颗粒物、二氧化硫、一氧化碳、氮氢化合物等分布特征，在应防护的地段设置卫生防护带。例如，北京热电厂、石景山首钢等以二氧化硫污染为主，通过遥感彩色红外航片的分析，在距离烟囱450~1200m范围内的树木表现为重度受害，距烟囱1200m以外范围的树木表现为轻度受害，总的污染范围与烟气扩大范围相比要大得多。以首钢为中心向周围扩展，污染趋标范围约有15km^2。又如，北京化工二厂，以粉尘污染为主，又有部分氯和酸类污染，生产区车间附近，酸气污染更严重，寸草不长，连水泥柱都被腐蚀，重度污染从车间向外扩展，依次为中度—轻度—无污染的重复交替现象。我们必须在颗粒物沉降严重地区、二氧化硫重度污染地区设置以抗性树种组成的卫生防护带，而不应像这样有几块可以绿化的空地就规划为防护带。这只能是自欺欺人，不可能达到防治污染的目的。防护绿地的规划，要在工厂区与生活居住区之间，铁路、街道与居住区之间，有风沙的地区、有噪声污染的地区设置各种形式的防护带，即隔离防护带、风沙防护带、街道绿地带等。这类绿地与卫生防护带要相互联结形成防护绿地系统。其次，为了方便居民的游憩、文化、教育活动，不仅要按照合理的服务半径均匀分布大小公园，特别要多发展游憩小绿地，还要结合滨湖、滨河、滨海的带状公园绿地，相互联结以形成公园绿地系统。此外，近郊区、郊区的环状绿地带，人工林或次生林并有风景的地段可开辟为森林公园，具有天然风景以及历史文物的胜地等都要联结成风景旅游系统。上述各个系统，不但纵向上自成系统，横向上也要相互联结，总的形成城市绿地系统。

汪菊渊最后强调，城市绿化，作为一个系统，必须综合原有的和创造的地形地貌景观，街道两旁绿地和建筑构成的街道景观，公共建筑和单位环境绿地，以及大小公园形成的园林景观，郊区林带、林区的植被景观，要互相渗透、互相结合，使整个城市不仅环境质量良好、城市生态健全，而且具有美的风貌，使人们心旷神怡，置身于一个比自然更集中更优美的境域中。

参考文献

汪菊渊. 中国大百科全书: 建筑 · 园林 · 城市规划[M]. 北京: 中国大百科全书出版社, 1988.

汪菊渊. 园林学[C]// 风景园林学科的历史与发展论文集[出版地不详]: [出版者不详], 2006: 6-9.

汪菊渊. 城市生态与城市绿地系统[J]. 中国园林, 1987(1): 1-4.

第三章

史论奠基，臻于大成

图 3-1　汪菊渊考察圆明园西洋景
（汪原平 供图）

汪菊渊最重要的学术贡献是在园林史研究领域。他的园林史研究大致可分为3个阶段：

1945—1949年为第一阶段。陈俊愉在为《中国古代园林史》所作的序中提到，1945年他与汪菊渊合作发表《成都梅花品种之分类》，汪菊渊对他说："你把梅花研究接着搞下去吧。至于我，已决定专心致志地研究中国园林史了！"故而1945年可以视为汪菊渊研究中国园林史的起点。

1949—1966年为第二阶段。中华人民共和国成立后，汪菊渊在学术工作上的重点是编写教材及展开研究。1958年，汪菊渊撰写的《中国园林史纲要》和《外国园林史纲要》作为教学参考，也成为后来研究中外园林史的早期范本。这一时期汪菊渊继续担任教学工作，利用南方综合实习等机会进行大量的实地园林考察。1963年，他在《园艺学报》第2卷第2期发表《苏州明清宅园风格的分析》。1965年，他在《园艺学报》第4卷第2期发表《我国园林最初形式的探讨》等文章，对我国古代园林进行了深入细致的研究。

1978—1996年为第三阶段。汪菊渊着重对我国古代园林历史进行总结研究。1982年之后在《林业史园林史论文集（第二集）》发表《北京明代宅园》《北京清代宅园初探》。1985—1986年，分4次在《中国园林》发表以《中国山水园的历史发展》为题的系列文章。改革开放后，组织编写《中国古代园林史》，对于中国古代园林史研究具有里程碑式的意义。《中国古代园林史》一书是在《中国古代园林史纲要》的基础上，广泛搜集资料并进行调查研究后，做了较大的修改和充实而成。这项工作持续半个世纪，凝聚了汪菊渊的毕生心血，1994年书稿基本成形，1996年汪菊渊去世时，书稿未能整理完成，2006年《中国古代园林史》两卷本出版，2012年出版第二版。

第一节

园林史论的研究方法

风景园林历史与理论研究经历了近百年的发展，以史料为基础，采用史论结合的形式，取得了丰硕的成果。对于史学研究而言，研究方法非常重要。汪菊渊作为园林史论研究学者，同样极为重视研究方法，他在《中国古代园林史》前言、《中国古代园林史》绪论、《中国古代园林史纲要》等论著中对研究方法进行讨论和总结。

《中国古代园林史》一书是汪菊渊研究中国园林的集大成之作。这本书是在他早年编撰的《中国古代园林史纲要》基础上，广泛搜集资料，进行调查研究，做了较大的修改和充实而成；由于其目的是作为教学参考而非学术专著，因而形成独特的体例。

在该书的前言部分，汪菊渊介绍了“中国古代”的范围——“从有文字记载历史的殷商开始，直到清朝为止，包括奴隶社会和封建社会。本书的分章，也不全按中国社会历史分期（历史学界仍有争论），主要结合园林的历史发展，分为殷周春秋战国，秦汉，魏晋南北朝，隋唐五代，宋辽金，元明清。”

汪菊渊论述了研究古代园林通常会遇到的困难，主要在于古代园林实物很难保存下来（图3-2）、有关古代园林的文字史料非常零散搜集不

图 3-2　秦始皇阿房宫前殿夯土台遗址（资料来源：汪菊渊《中国古代园林史》）

易、有关园林创作的理论专著直到明代《园冶》出现之前还未成系统等；进而指出应对的方法，可从绘画作品中汲取研究园林及其历史发展的资料，通过严谨选择材料来支撑分析研究；最后说明在此情况下能够取得的进展和认识，深入探讨了园林形式与内容的关系，梳理出中国园林发展的山水主线。

一、园林史研究的困难

汪菊渊认为研究古代园林的发展，必然会面对诸多的困难。他着重列举了以下四重困难：

首先，由于天灾、战祸、皇朝覆灭、家业衰败等各种原因，古代园林实物是很难保存下来的。它也不像历史文物那祥湮没在地下得以保存，经发掘而有出土文物。迄今为止，我国能比较完整地保存下来的历史园林，主要是清朝的，有帝王宫苑（图3-3）、王府花园，也有为数众多的达官富商的宅园（图3-4），尤其在江南地区如苏州、扬州以及粤东地区。明朝的园林能保存下来的绝少，有也只是部分遗物。明朝以前的历史园林，即使是遗迹残址，也如凤毛麟角那样少见。曾是西周、秦、汉、隋、唐等朝代的都城所在地西安，留下了非常丰富的历史文物，但没有一个苑囿幸存下来，仅有一些遗迹残址可寻。汉代建章宫太液池和昆明池（图3-5），唐代大明宫蓬莱池（图3-6），仅能从地形上略推测其大致范围。

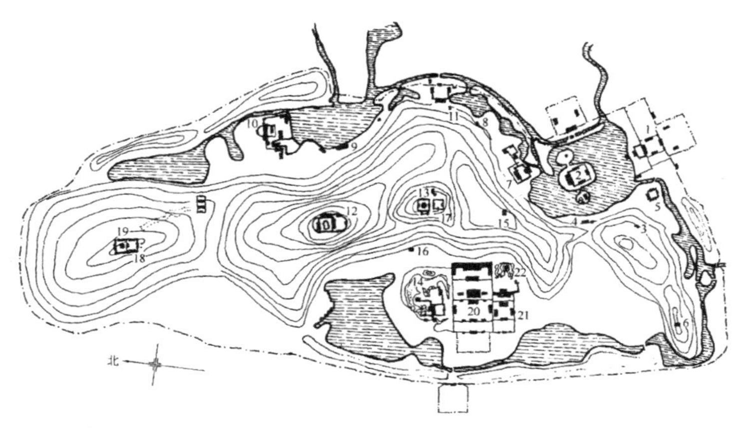

1—廓然大公；2—芙蓉晴照；3—绣壁诗态；4—玉泉趵突；5—圣因综绘；6—溪田课耕；7—翠云嘉荫；8—裂帛湖光；9—镜影涵虚；10—风篁清听；11—碧云深处；12—峡雪琴音；13—玉峰塔影；14—清凉禅窟；15—云外钟声；16—采香云径；17—香岩寺；18—妙高寺；19—妙高塔；20—仁育宫；21—圣缘寺；22—琉璃塔。

图 3-3　乾隆时期的静明园总平面图（资料来源：汪菊渊《中国古代园林史》）

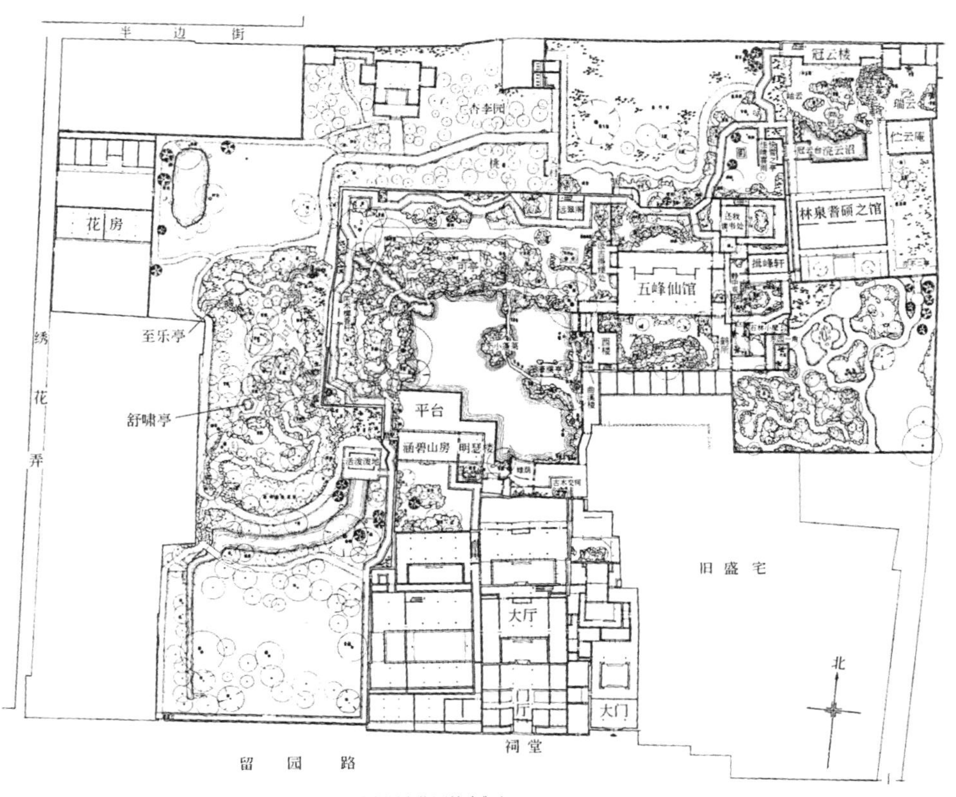

图 3-4　留园总平面图（资料来源：汪菊渊《中国古代园林史》）

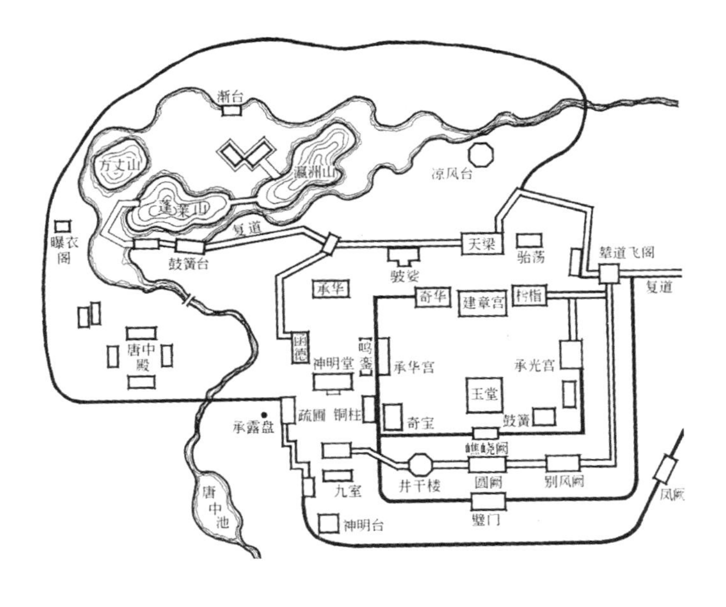

图 3-5　西汉建章宫苑平面复原示意图（资料来源：汪菊渊《中国古代园林史》）

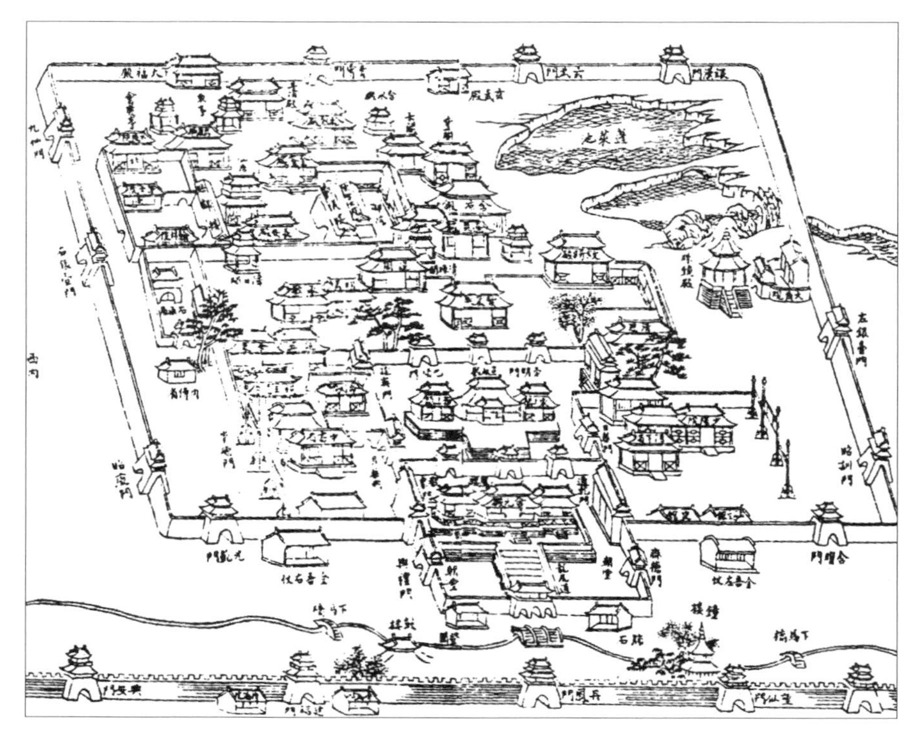

图 3-6　唐代大明宫鸟瞰图（资料来源：汪菊渊《中国古代园林史》）

唐代的园林，其遗址以至全部保存下来的，目前所知只有“绛守居园池”（在今山西省新绛县）和四川省新繁东湖。绛守居园池园内的地形，历宋、明、清而有所改变，建筑也是这样，目前仅残存清代建的洄涟亭、半亭和岑楼。南宋的园林，目前所知，只有绍兴的沈园，尚有部分残存，即葫芦池、土丘和一口井。总之，能有园林实物且可结合文字资料进行深入分析的，主要是清代的园林，因此它在这方面的分量，不可避免地要占较大部分（图3-7）。

其次，有关古代园林的文字史料非常零散，搜集起来有很大困难。宋代以前的，只能从一般史籍、类书、笔记，以及文学作品中去发掘。记载园林的专著，直到北宋时，有李格非的《洛阳名园记》（图3-8、图3-9），南宋时有《吴兴园林记》等，都仅涉及一地的名园，而且语焉不详。明代记载园林的资料较多，但也散见在笔记、文集中。当然我们没有必要，也不可能把历史上有记载的园林都罗列出来加以研究。我们只能对

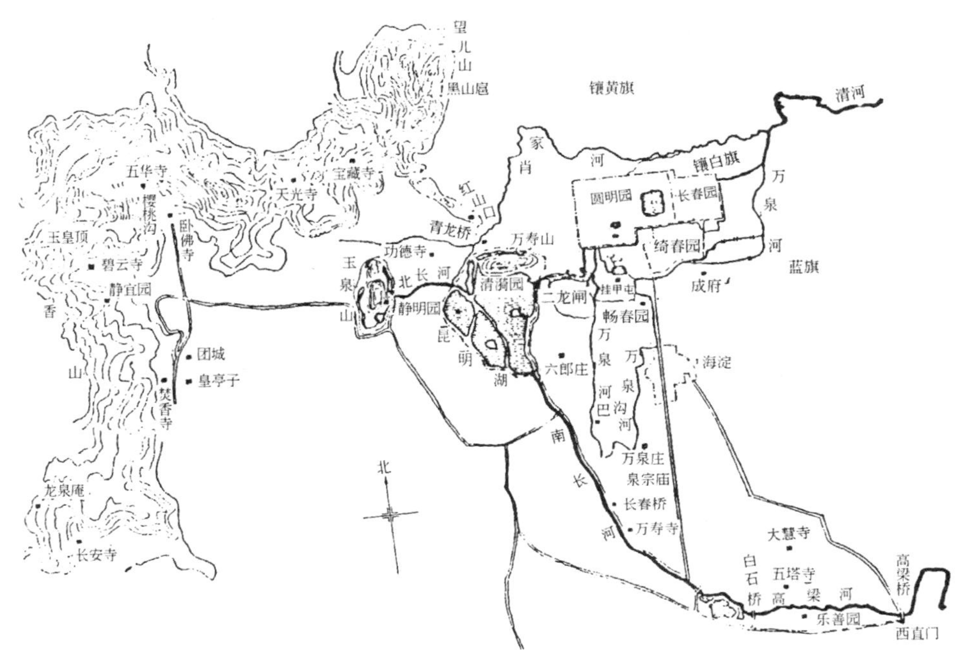

图 3-7　清朝北京西郊地形、寺园分布示意图（资料来源：汪菊渊《中国古代园林史》）

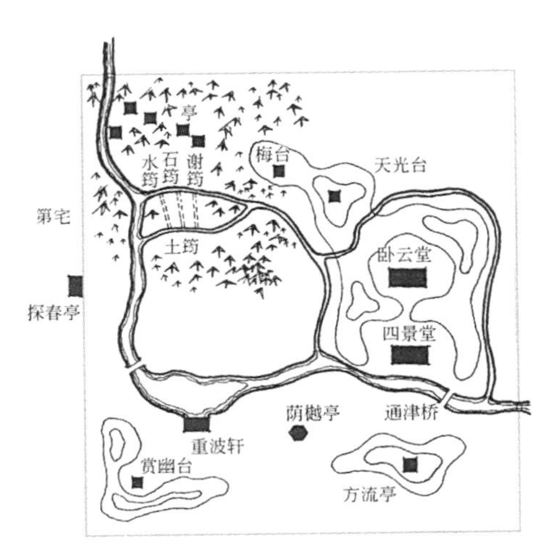

图 3-8　北宋富郑公园平面示意图（资料来源：汪菊渊《中国古代园林史》）

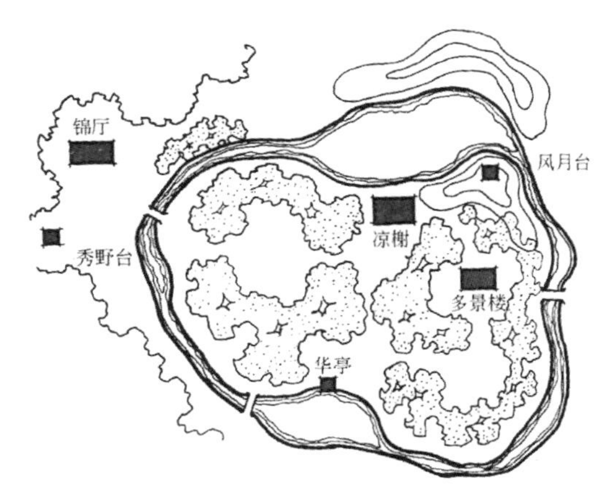

图 3-9　北宋环溪平面示意图（资料来源：汪菊渊《中国古代园林史》）

那些在整个园林历史发展上，在内容和形式的转变上起重要作用的，或可以代表一个新时期、新形式的园林，尽可能根据文献资料进行分析研究。

第三，有关园林创作的理论专著，直到明代崇祯年间才有计成的《园冶》问世。明代以前，不是没有关于园林创作理论的论著，只是散见在论文学艺术的论著、山水游记和山水诗词，以及绘画理论特别是山水画论的著作中，需要人们去发掘、整理出来。

第四，研究园林及其历史发展的资料，不仅是实物园林和文字资料，还可有绘画中的山水画、描绘宫苑建筑的台阁画以及宅园村舍的绘画作品，这些也是重要的研究资料。虽然山水、台阁、宅园、村舍的画，大都只能描绘一个局部或截取一个片段，是否精确也很难说，因为画家不免在作画时有所取舍或融入自身的审美意识，但是，我们仍然可以从作品中体会山水、园林的主题表现，布局策略和造景手法，等等。

二、园林史研究的方法

中国园林史的研究是在了解以上困难、应对以上困难的基础上进行的。汪菊渊强调，要严谨地选择可靠的资料，运用历史唯物主义方法进行整理和分析研究，在什么社会条件下开始有园林的最初形式，它又是怎样随着时代、社会生活、文学艺术、美学思想等变化而演变的这个历史过程是可以弄清楚的。从园林内容和形式发展的内在联系上，内容决定形式而形式又反作用于内容的辩证关系，整个园林历史发展的规律也是可以认识的。

汪菊渊在很多论文、专著中都有对于研究方法的讨论，具体可归纳为以下几点：

（1）以实印史。尤为重视史料搜集与现场调查（包括遗址考察）相结合，现场踏勘可以核实、验证并丰富原有资料。在对史料的搜集方面，汪菊渊认为需要下大力气，认真细致严谨地进行搜集，从零散见于史籍、类书、笔记和文学作品中的资料去挖掘。同时，需知晓搜集的重点，挑选那些在园林发展史中起重要作用的园林进行分析，从而更有针对性地研究，而非全然是大海捞针似的罗列资料。

（2）据史出想。根据文字和画作绘出平面想象图及透视图（图3-10、图3-11）。绘画理论特别是山水画论对园林的影响在唐宋时期尤为明显，因此从山水画、山水诗中可以寻找到园林的踪迹，同时图画对文字资料可进行有益的补充。对于绘画作品的使用，要遵从山水画的发展时期，审慎考虑。不同类型的画如舆图、台阁画、文人画等绘制的手法和表

图 3-10　勺园部分布置想象图（资料来源：汪菊渊《中国古代园林史》）

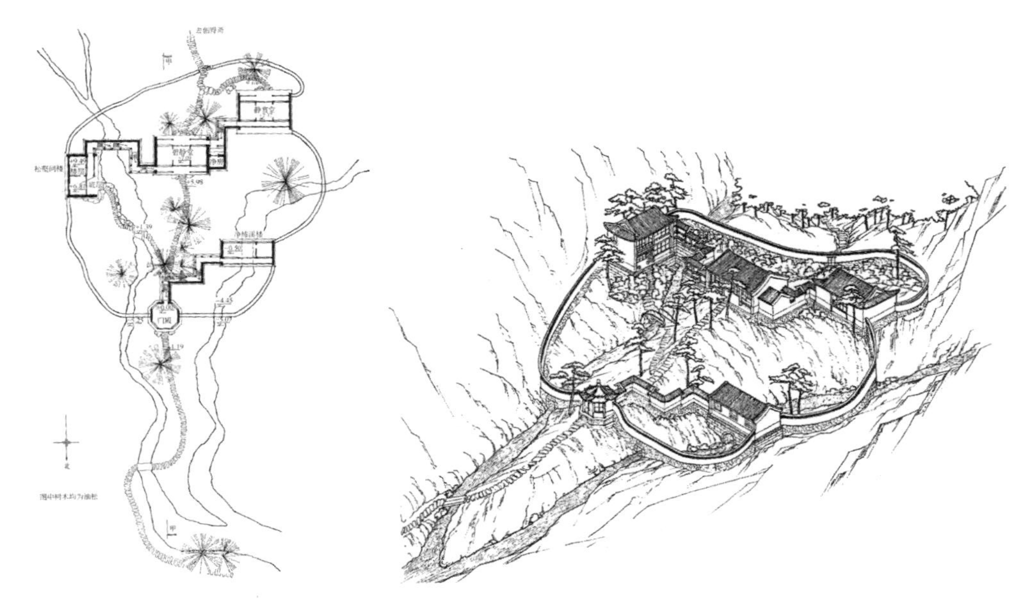

图 3-11　碧静堂平面图及复原鸟瞰图（资料来源：汪菊渊《中国古代园林史》）

现的精确性、真实性都存在差异，另外在绘画中可能会有画家的主观审美意识，需要我们在理解画作的基础上作出判断。在作出想象的过程中，除了借助画作，还要特别注意对文字资料的研读，二者形成相互补充。

（3）以史出论。在搜集掌握大量的史料事实上，做到尽可能客观地对园林艺术进行总结，提炼概括观点性的认识。汪菊渊的科学态度反映在，他把搜集的史料原原本本地交给读者，他有他的观点，读者也可以借他提供的史料别有论点，因此有些史料被很完整地摘录下来。

概括说来，就是一切要以史料为依据，注重对文字及图像资料的辨别，对有实物存留的园林还要结合现场调查，从而形成一套完整的研究方法来指导还原历史上的真实园林。

三、园林发展的脉络

有关中国园林发展的山水主线，汪菊渊认为，中国山水园是3000多年来我国园林发展的整个历史总和的形式，是中华民族特有的独创的园林形式。山水园的内容和形式不是一成不变的，是随着历史的发展，在不同的时代，由于社会生活、文化艺术、审美意识等不断演变而变化的。因而当某种园林形式首次出现时，它相较于过去的园林形式并不是截然改变，而是在继承传统即连续性基础上有所创新和丰富。古谓之囿、汉谓之苑的上林苑，规模宏伟：广长三百里[1]，关中八水出入上林苑，并穿凿有众多池沼，本是物产富饶地区；自然植被也很丰富，苑中养百兽，池畔禽鸟动辄成群，天子春秋射猎苑中，也就是说，礼仪化、娱乐化的畋猎传统仍为统治阶级所爱好而继承着；但苑中有园有宫有观，宫、观分布全苑，其建筑或为居住，或为游乐，或为宣曲、角伎，或为观犬马竞走，或为观载舟载歌。总之，上林苑是在圃的基础上发展起来的，为了各种游憩生活内容更为丰富而有众多宫、观，宫室建筑组群已成为建苑的主题，是属于秦汉建筑宫苑的一种形式。

一种新的形式产生后，它就会走自己的道路，逐渐发展、完善和成熟。例如，汉武帝刘彻在建章宫内苑，仿神话传说而建太液池，池中有蓬莱、方丈、瀛洲、壶梁；象海中神山，即山具一定形象；池畔满布水生植物，平沙上禽鸟动辄成群，池北岸有长二丈[2]石鱼，西岸有石龟二枚，各长六尺[3]，即有了山池之景的创作，开山水园的先河。这种“一池三山”就成为以后园林中创作池山布局的范例，并发展有多种变化的式样。随着社会的发展，到了南北朝，由于南朝文化上的特色，美术上发生大变化，特别是山水画的发展，以及文学上歌颂自然和田园生活，对园林创作有很大影响，在汉朝山池基础上发展为以再现自然界山水为主题的自然山水园。到了唐宋时期，发展为表现山水景物达到某种意境成为诗意化生活境域的写意山水园并日趋成熟（图3-12）。这个唐宋写意山水园就是山水园历史发展的一部分，它跟南北朝自然山水园相比也不是截然改变，而是在继承后

---

1 汉代时，1里≈415.8m。

2 汉代时，1丈≈2.31m。

3 汉代时，1尺≈23.1cm。

图 3-12　唐代王维辋川别业想象图（资料来源：汪菊渊《中国古代园林史》）

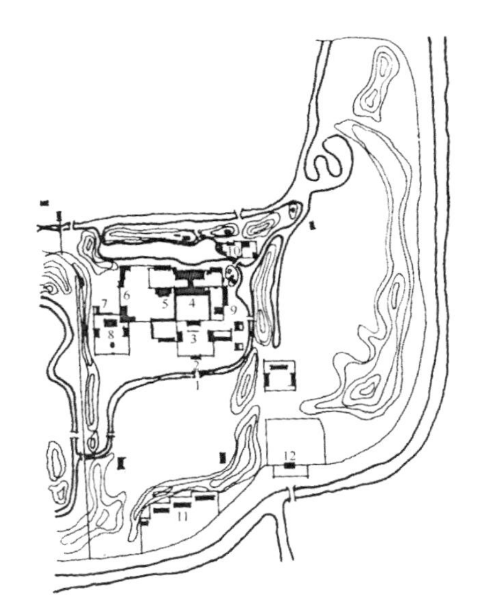

1—木桥；2—宫门；3—二门；4—工字殿；5—抱夏；6—西宫门；7—点景房；8—古月堂；9—值房；10—平台；11—马圈；12—永恩寺。

图 3-13　清华园平面图
（资料来源：汪菊渊《中国古代园林史》）

者的传统上，由于社会生活、风尚、文化艺术、美学思想等变化，有所创新，使山水园形式得以更新丰富。到了明清时期，写意山水园更趋完善，无论是地貌创作方面、掇山叠石方面、植物造景方面，还是运用廊榭漏墙等方面，在技巧上更趋成熟；而且加重了文学趣味，着重表达园主的主观意趣，通过题景名、作对联来点出意境（图3-13），如同元朝开始“文人画”的确立，在画上题字作诗，用诗文配合画意一般，称作文人山水园。简言之，到近代为止，我国整个园林历史总和的形式，从囿开始，不断发展、完善和成熟——中国山水园，是中华民族所特有和独创的形式。

第二节

中国园林的类型形式

对于风景园林历史的研究，所采取的认知态度也是极为重要的，必须回答“园林的范畴与形式、园林的起源与发展”等问题，把园林史作为学科的基础理论，并以此来系统梳理园林历史的真实轮廓与发展脉络。立足中国园林长期发展形成的民族形式与时代需求，用山水园形式体现新的社会内容和思想主题，在继承传统的基础上有所创新。

关于如何向古典园林学习，汪菊渊认为，要学习前人现实主义的创作方法和创作经验，学习他们如何取得内容和形式的统一，思想性和艺术性的密切结合，学习他们为什么能够创作出一定时期能够正确而生动地反映自然和生活、符合群众欣赏要求的作品等。然而必须指出的是，人们向优秀古典作品学习的艺术的真实性，只是真实反映了自然即创作了典型的山水这一方面；至于生活的真实，古典作品中所反映的封建社会时代统治阶级的生活、心理和美的概念等，绝不是也不可能用以来表达现代人民的生活、思想和情感。

艺术的创作是发展而不是再现，园林作品应当服务时代，满足人们对自然和美好生活的需求。汪菊渊指出，园林学的研究范围是随着社会生活和科学技术的不断发展而不断扩大的。他预见性地指出园林包括传统园林学、城市绿化和大地景物规划3个层次，为学科的发展指明了道路。

在如何正确对待文化遗产的问题上，汪菊渊认为，我们对待文化遗产既不能割断历史，采取一律排斥的态度，也不应盲目搬用，毫无批判地全盘继承。在园林范畴的问题上，他就园林范畴内容的历史发展和曾采用的不同名词做了简略叙述，提出个人对园林的界说：“园林是以一定的地块，用科学和艺术的原则进行创作而形成的一个美的自然和美的生活境域。这种创作，或对原有的风景——大地及其景物，稍加润饰、点缀和建设而形成，或重新组织构成园林的各种题材而成。”在园林的民族形式问题上，驳斥了根据式样分类为整形式、自然式和混合式的方法，他认为，园林形式的分类首先是民族形式，然后再根据历史时代和地方性差别进行细分。

一、正确对待文化艺术遗产

每一个时代的艺术都立足在过去的基础上，是从过去发展而来的。艺术之所以能发展，与继承过去艺术发展中的传统是有极大关联的。艺术发展的一个历史时代被另一个历史时代所代替，并不是要取消过去艺术的进步的优秀传统，相反的是要发展那些进步的优秀传统。一定的艺术形式会随着它的基础的消失而消失，实际上是在一定倾向上创作的可能性消灭了。在一定时期内一定的艺术派别、一定的艺术形式退化了、解体了、崩溃了或堕落了，但并不是一切都消灭。过去时代把所有积累下来的创作经验、理论，所有在当时条件下创作出来的艺术珍品作为遗产留给后代。

汪菊渊认为，我们对待文化艺术遗产既不能割断历史，采取一律排斥的态度，也不应盲目搬用，毫无批判地全盘继承。更不应不区别腐朽的与民主性革命的东西，忽视艺术内容中的人民性和积极健康的内容。

具体说来，他认为对待文化艺术遗产应当采取科学、实事求是、历史唯物主义的态度。人们继承文化艺术遗产并不意味着保持所有的旧的东西，也绝不意味着企图模仿古典范例来创作自己的作品。这一点很重要。人们接受遗产不是无条件的，而是有批判地、创造性地继承。遗产、传统当然不可能全切合当前现实所需要的东西，必须经过分析，经过研判，有所选择，有所保留，有所发扬，有所抛弃。关键在于“批判地吸收”其中一切进步的、民主的、有益的东西，创造性地继承和革新的辩证统一。

人们不应当割断历史，在继承文化艺术遗产时，要剔除其封建性的糟粕，吸收其民主性的精华，做到“古为今用”。但要区分遗产中的糟粕与精华。不掌握充分的材料和深入细致地研究，不经过一定时间的百家争鸣的讨论，难以作出比较正确的判断。即使是遗产中的精华部分也不一定能适用于今天，只能作为表现现代新内容的借鉴。这就是说，要根据新内容的需要，吸收前人经验中适用的部分，加以批判改造，才能用以补充和丰富表现新内容的形式和技巧。这不单纯是一个理论问题，而且是一个实践问题，在不断刻苦地实践中才能有所进展、有所创新。

文化艺术发展过程中，国际的影响也起着重大的作用。我国古代的文化艺术发展过程中，特别是唐朝独特的国民艺术，达到了空前的繁荣，取得了高度的成就，吸收国外的文化，加以创造性地应用是重要原因。故而对于外国的园林艺术，在学习的同时，要做到“洋为中用”。

二、园林、绿地及其类型

有关园林的范畴，汪菊渊认为，园林是我国特有的一个专有名词，相当于英语中包括garden和park两词的含义。园林这个词，最早见于北魏杨衒之所著《洛阳伽蓝记》；宋朝有用以题书名的，如《吴兴园林记》《娄东园林志》；明朝计成所著《园冶》一书中曾用“园林”这个词；清朝钱泳所著《履园丛话》把所撰名园归在丛话二十中，标题“园林”。

汪菊渊指出，在我国古代的类书中，无论囿、苑、园池、山池、园、园圃、宅第的宅园部分，还是山居的别园部分，都是同一范畴的对象，今日通用“园林”这个词来概括。

近代，由于社会生活的发展，不但有庭园、花园、宅园、公园，还有场园（小游园）、植物园、动物园、森林公园、风景区等类型的用词。1949年以来又出现一个新词，叫作绿地，它是从俄文 зелёные насаждения翻译过来的（直译为绿的种植，英文中green也可作植物讲）。报刊上常见“园林绿地”用语，或联称或分称。

汪菊渊进一步指出，园林与绿地，就其概念来说，属于同一范畴，但又有区别。由于城市规划这门学科和城市绿化这个分支学科的发展，产生了各种类型绿地的用词（城市绿化是从俄文 озеленение городов翻译过来的）。绿地是为了改善城市环境质量、维护城市生态、美化城市而设计的，绿地即植物的种植占主要部分的用地。通常把各种花园、公园、场园（或称小游园），沿河、湖、道路、城垣、海岸而修筑的带状公团（称滨河公园、滨湖公园、环湖公园、海滨公园），以及市郊游览胜地、风景区、休养娱乐地区等主要供游憩生活、环境优美、艺术要求较高、设施质量要求较高的绿地，归属于“园林”范畴。

构成园林地块有一定的范围和面积。汪菊渊指出，其范围可以小到住宅内庭院中几十或上百平方米（成为庭院或园庭），以及傍宅的几亩、几公顷（成为宅园、别业、山居等）（图3-14）；可以大到城内或郊野几公顷到数十、上百公顷的范围，成为特定的游憩、文化教育的生活境域（即各类花园、公园、植物园、动物园等）；更可大到包括山峦壑谷、溪涧泉石、平原江湖，面积达数十、数百、上千平方千米的一个自然区域（即风景区，如安徽黄山、四川峨眉山、陕西华山等）。

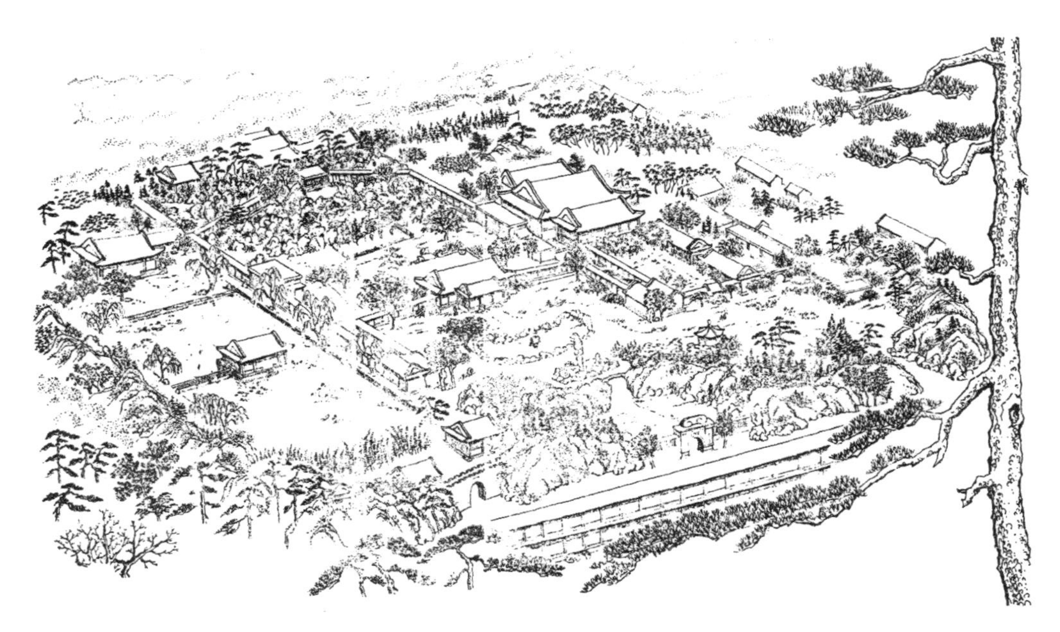

图 3-14　恭王府府邸和花园鸟瞰图（资料来源：汪菊渊《中国古代园林史》）

相地构园时的自然环境条件，汪菊渊认为有以下两类不同情况：

一类情况是原就有风光美景，只要把荒芜杂乱的地方整理修饰一下，就能突出原有的山水泉石之胜，自然植被之秀；只要开林剪蒿，顿置路径，自能得景随形；只要可歇处、可晓处，合宜位置亭榭堂屋之属，自然因借成景（图3-15）。总之，不烦人事之工，自成天然之趣，就称作自然园林；如果范围广大到一个自然区域，就称作自然风景区；或由于开发历史较久，在长期建设过程中，形成有庙宇、书院、山居、亭榭楼阁等建筑，有文物古迹，有神话传说、宗教文化的组成部分，如泰山、衡山、武夷山等游览胜地，就称作风景名胜区。无论自然园林、自然风景区、风景名胜区，都是或多或少地通过人的点缀、润饰、开发和建设，通过人的审美意识活动而形成美的自然，同时又是供人们观光游憩的优美生活境域。

另一类情况是本为一块空白地，要经过重新组织构成园林的各种题材，即科学的、艺术的创作，才能转化成为一个美的自然和美的生活境域。构园的重要题材包括地貌创作中掇山、叠石、理水，园林植物的造景和布置，园林建筑的布局和成景园路的导引，围墙、花架等构筑物和雕塑作品的运用。园林的构成上，山水泉石、树木花草、园林建筑等题材的组合是不能分割的。要根据任务和主题要求，现状地形、水源、土壤、适宜

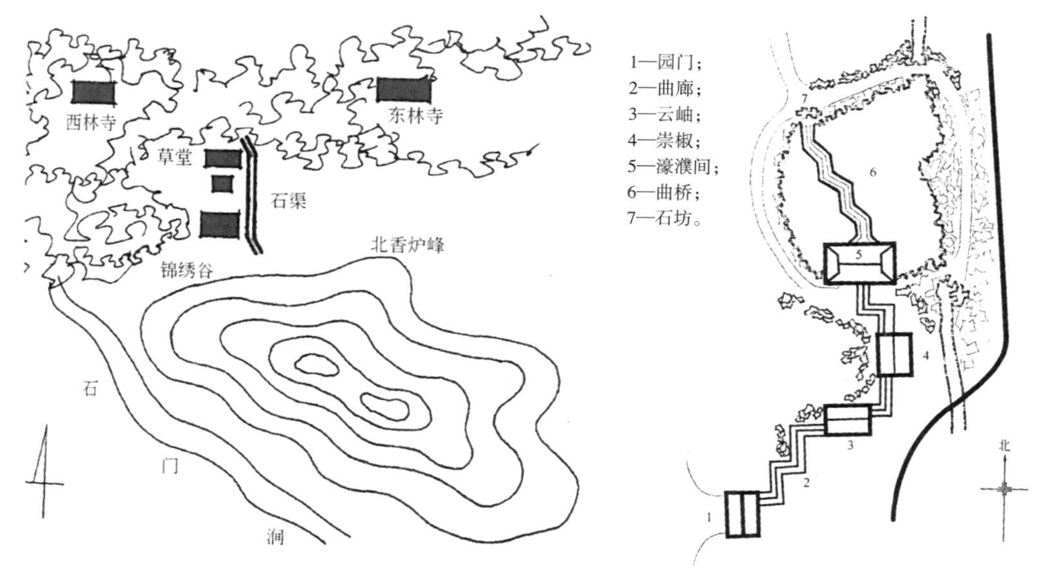

图 3-15　白居易庐山草堂图（资料来源：汪菊渊《中国古代园林史》）

图 3-16　濠濮间平面图（资料来源：汪菊渊《中国古代园林史》）

的植物等因素，因高就低创作山水泉石，结合地形、立地条件运用植物造景，根据布局造景要求合宜布置园林建筑。所有这些在艺术构思过程中是不能分割的，它们之间要相互结合、相互渗透，和谐统一地自然融成一个美的自然和美的生活的境域。

这个美的自然，既不是素朴的自然，也不是惟妙惟肖地模仿自然，而是虽由人作、宛自天开，是通过对人化的、自然的艺术认识而创作的自然，表现了人对自然美的认识和态度、思想和情感（图3-16）。这个创作的自然，不是为自然而自然，而是为了人们生活、活动于其中的境域，是根据社会生活内容和功能要求进行布局创作的生活境域，而且是按照美的法则，反映人类精神生活内在的美和人类崇高优美的理想，即社会主义、共产主义这样一种理想的美的生活境域。

三、园林的民族形式问题

以往对于园林形式的分法，往往根据园林题材配合的方式和题材相互间的关系，把它们分为3类：整形式、自然式和混合式。一般书上谈到园林形式时，也常用这种分法，而且认为此分法含义广泛，可以概括各种园林形式。

为了具体地研究园林作品而分析园林形式时，需要有关于园林特殊构成形式的分类。汪菊渊认为，上述分法只看到形式的外表，从平面规划的图式上，题材配合的式样上来区分。图式和式样仅仅是艺术形式的一个非本质的条件。比如说我国封建社会的帝王在禁宫内修建内苑，由于建筑关系都是依中轴线而左右对称，格局严正整齐，但很难说它同法国宫苑是同一种形式风格。把英国的自然式风景园和中国的山水园说成是同一风格的园林形式，显然也是不正确的。一切东西的形式原是不能脱离内容而独立存在的；脱离内容而单独抽出来，就是抽象的范畴了。仅仅从形式的外表上，即式样或体裁上的分法是不恰当的。作为园林特殊构成形式的分法必须是形式和内容统一的历史的科学的分类方法。

基于以上判断，汪菊渊指出，任何国家的园林作品总是包含民族性的。人们看到承德的避暑山庄（图3-17）、北京的颐和园（图3-18）、苏州的拙政园（图3-19）就知道是中国风格的园林，看了凡尔赛宫苑就觉得是法国风格的园林。这些特殊的个别的风格，或者说民族形式，当然都由于它们是特殊的内容所决定的缘故。这些风格的不同，既是由于民族的文化传统不同、题材配合的方式不同等，也是由于地理环境的不同。各个民族都有自己具体的历史生活、社会发展、政治制度、风俗习惯以及精神活

图 3-17　清代冷枚《避暑山庄图》（资料来源：北京故宫博物院）

图 3-18 北京颐和园（黄晓 供图）

图 3-19 苏州拙政园（黄晓 供图）

动等各种现象。形式原是不能脱离内容而独立存在的，如果脱离内容来看形式，它就成为抽象的不切实际的东西。艺术的内容决定艺术的形式，而艺术存在的具体历史形式就是民族形式。

因此，园林形式的分类首先是具体的历史形式，即民族形式。它是指某一民族所特有的园林传统上整个历史总和的形式。我国的山水园就是中华民族所特有的独创的整个历史总和的园林形式。但是民族形式是一个历史的范畴，它是随着社会生活中所发生的变化而改变的。从汉朝的“一池三山”到魏晋南北朝的自然山水园，再到唐宋时期的写意山水园、明清时期的文人山水园，它是随着社会生活中所发生的变化而演变的。

另一方面，人们又可看到16世纪末叶到17世纪初叶，法国园林以及后来所谓的洛可可式，与意大利文艺复兴后期的庄园以及后来所谓的巴洛克式，在风格上又有相似的东西。这两种形式在风格上表现出来的特征上有类似之处，是因为一定的历史时期内，在思想和生活经验上彼此近似的艺术家所表现的基本艺术特征具有统一性。再如，日本的庭园跟中国的庭园在风格上有相似的东西，这是因为日本在古代受我国文化艺术的影响。

更进一步考察时，还可看到同一民族在同一国土或同一时代，也常因地域的不同，既受地区的传统文化生活，又受自然条件的地形地貌、气候、植物、风景类型等诸多影响，有不同的风格表现。以我国明清时期的山水园来说，北方、江南、岭南的园林既有共性（民族性），也有个性（地方性）的差别（图3-20）。即使同为江南园林，苏州的、扬州的、常熟的，也各有其特色和不同风趣。

另外，汪菊渊认为，园林形式的分类在各个民族和国家的各个历史发展的阶段（即时代），有它们因特殊历史条件而产生的形式，可用这一历

图 3-20　北方园林的浑朴（潍坊十笏园）（左）与江南园林的秀巧（苏州艺圃）（右）（黄晓 供图）

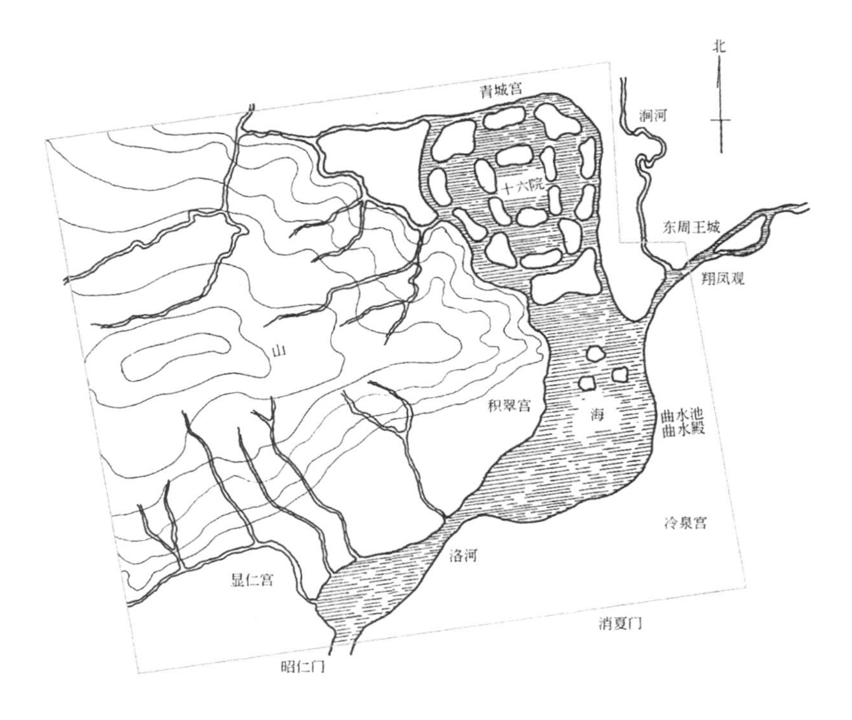

图 3-21　隋朝西苑复原示意图（资料来源：汪菊渊《中国古代园林史》）

史时代的并能表明其艺术内容的名称来区别。例如，我国园林的历史发展及其内容上的变化，可以划分为周代素朴的囿，秦汉时期建筑宫苑，魏晋南北朝时期自然山水园、自然园林，隋代山水建筑宫苑（图3-21），唐宋时期写意山水园，北宋山水宫苑，清代自然山水宫苑，明清时期文人山水园，等等。

第三节

中国园林的最初起源

对园林最初起源的探究，可以“明来处、知去处”，正所谓鉴往知来。汪菊渊从社会经济的角度细致严谨地考量我国造园的开始，探讨并论证了我国园林的最初形式是囿。

关于我国造园的开始，汪菊渊认为可从殷商时代开始追溯，无须像艺术起源那样追溯到旧石器时代的原始社会。一方面，殷商时期已具备营造园林的社会经济和技术条件；另一方面，依据甲骨文中有园、圃、囿等字来看，从殷商开始有园林兴建的可能性是很大的。对原始社会是否出现园林，汪菊渊认为，这一时期的园圃既不是绿地也不是园林，而是农业生产用地。在生产力十分低下、人们生活资料的获得都很困难的社会阶段，不可能有园林的创设。只有到了奴隶社会，才有可能兴建以游憩生活为内容的园林。

汪菊渊指出，我们不能因为甲骨文有“园”字就断定殷商已有园林了。甲骨文的园、圃等字在彼时所含的内在意义是什么应当首先弄清楚。从《周礼》中的“园圃树之果瓜，时敛而收之”，《说文》中的“园，所以树果也；树菜曰圃”等解释（这里的“树”作栽培讲），可知园、圃是农业中栽培果蔬的场所，并非是游憩的园。

有人认为“台”是中国园林的开端，汪菊渊认为这一说法是不恰当的。他指出，殷商时确已有了台的营造，如纣的鹿台。台是夯土而成的，也有利用天然高地而成，如果其上有木构建筑，则称台榭，所谓“高台榭，美宫室”。营建台的目的是观天文，察四时；是为了农业生产的丰歉举行农事节气的活动；同时也可眺望四野，赏心悦目，或作游乐，调节劳逸。这样，台也就成为供帝王游乐和观赏享受的设施。然而，单独一个台只是一种构筑物，有时也成为囿中设施之一（如殷沙丘的苑、台并称），但并不成为园林的形式。

汪菊渊认为，从《周礼·地官》中“囿……掌通游之兽禁，牧百兽”

图 3-22 周文王灵台池沼遗址
（资料来源：汪菊渊《中国古代园林史》）

和《说文》中“圈，养禽兽也”的解释以及后人对周朝灵囿（图3-22）的描述，可知囿是繁殖和放养禽兽的场所。囿的出现刚好满足了当时统治阶级畋猎游乐的喜好，作为游憩生活的园地，符合园林的一个最初形式，因此，园林最初是以囿的形式出现的。

有人会问，为什么我国最初的园林形式是以畋猎和游乐为内容的囿呢?从一般艺术史和艺术起源的研究中可以了解到：当一个氏族在已转移到另一种生活方式后，常在艺术活动中再经历过去生活方式的事实。殷商时期已转到农业生产占主要地位的阶段，畋猎不再是社会生产的主要劳动，为了重温过去的生活方式、得到再经验一次的享受，于是畋猎成为当时脱离生产的贵族们的一种礼仪化、娱乐化的行事。这种对于统治阶极来说颇属需要的活动和享受，规定了园林的畋猎和游乐的内容，以及囿的形式。

囿是就一定的地域加以围合，让天然的草木和鸟兽滋生繁育，还可挖池筑台，以供帝王贵族狩猎游乐的用地。简单地说，囿就是畋猎园。这种囿就其内容来说比较单纯，除了夯土筑台、掘沼养鱼外，都是朴素的天然景象，以及野生的植物和动物，因此可称作上古朴素的囿。总的说来，园林的兴建需要一定的生产力发展水平和社会经济条件，我国有园林的兴建，是从奴隶社会经济已相当发达的殷商开始的，最初的形式是囿。

在不同的历史发展阶段，园林的基本内容及其形式也有不同的地方，但在从源头到汇聚众流的过程中，园林创作有其自身的脉络传承。囿作为中国园林的最初起源，在数千年的园林发展历程中相传成统，不断衍变丰

图 3-23 建章宫示意鸟瞰图（资料来源：汪菊渊《中国古代园林史》）

富。人们可以看到，秦汉的宫苑形式是苑中有宫，宫中有内苑，别馆相望，周阁复道相属，以豪华壮丽、气象宏伟的宫室建筑为苑的主题（图3-23）。正因为它是从建筑构图而来，这种离宫别苑里的建筑布局虽然有错前落后的曲折变化，但仍有轴线可寻。在主题的多样性上保存有殷周狩猎游乐的囿的传统，同时苑的内容不仅是囿游，而是向着多种多样享乐活动发展，如宫室建筑有犬马竞走之观、荔枝珍木之室、演奏宣曲之宫，而宫城之中更有聚土为山，十里九坂，凿池称海，海中有神山的地形创作。隋代的宫苑是一个转折点，不再蹈袭秦汉那种周阁复道相属的建筑群形式，而是转变到以湖山水系和洲圩为境域，容纳宫室建筑于其中的新形式。到了宋代，苑宫的基本内容就不一样了，不在宫室建筑群而在乎山水之间。正因为它是从创作山水的构图而来，布局上就不再完全遵循轴线处理了。在创作山水为骨干的基础上，随形相势，穿凿景物，摆布高低，列于上下，处处都是从景上着眼。在主题多样性上，展开有各种不同意味的景区，它们是山水、建筑、植物互相协调地结合而表现出各具特色的意境

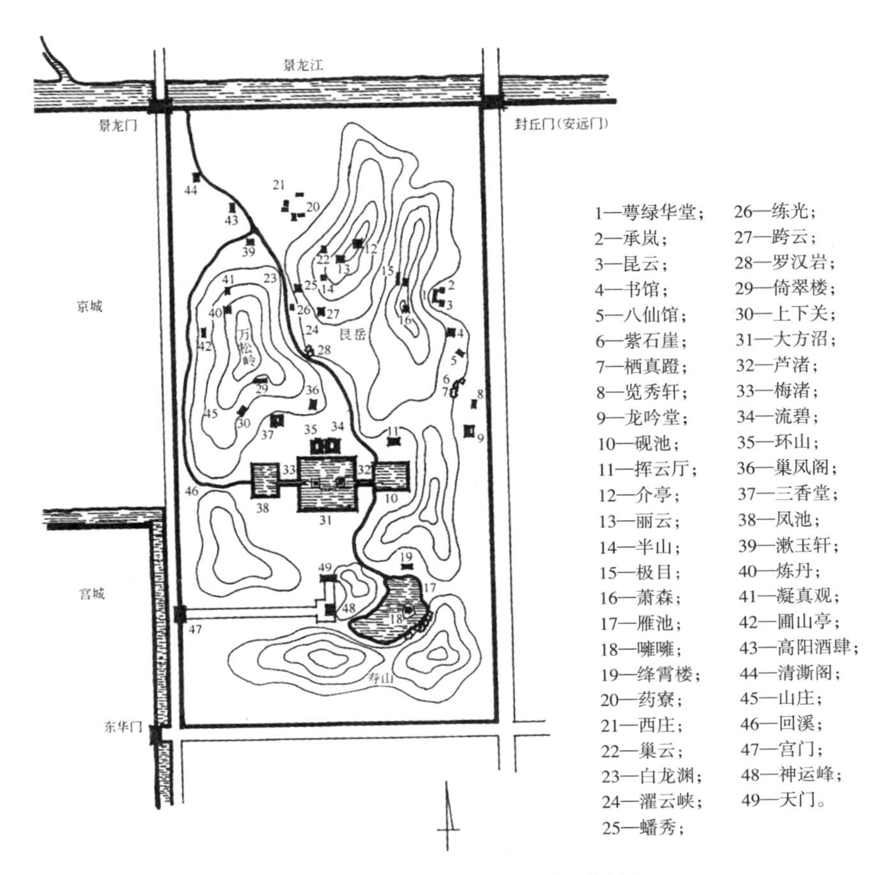

图 3-24　北宋寿山艮岳平面示意图（资料来源：汪菊渊《中国古代园林史》）

（图3-24）。囿的特殊内容如果主要是指养禽兽来说，还是构成宋代宫苑的组成部分之一，然而已不是主要部分。宋代宫苑里禽兽的畜养，已不再是供狩猎游乐用，而是如同园林建筑、植物题材一样，作为园林的景物。之后的元、明、清代的宫苑，在继承宋代传统的山水宫苑形式的基础上加以发展。

第四节

中国园林的艺术创作

汪菊渊对于中国山水园的本质和创作特色有重要的阐述，他认为，中国园林的本质是以创作山水、自然为生活境域的山水园，是包括了山、水、泉石、云烟岚霭、树木花草、亭榭楼阁等题材构成的生活境域，其中以山水作为骨干。中国人有着深厚的山水情结，因此要在作为生活境域的园林里表现自然，创作山水，并发展出各种具体的手法和技巧。山水形成传统园林的自然环境基础，在此基础上，因山就水来布置树木花草、亭榭堂屋，互相协调地构成切合自然的生活境域，并达到“妙极自然”的境界。中国山水园的发展经历了一次重要转变。以隋唐宫苑为转折点（图3-25），此前秦汉魏晋的宫苑以豪华壮丽、气象宏伟的宫室建筑为主题，

图 3-25　唐代李思训《九成宫避暑图》（资料来源：北京故宫博物院藏）

虽有曲折变化，仍有轴线可寻；此后宋元明清的宫苑重点不在宫室建筑群而在乎山水之间，淡化轴线处理，主要从景上着眼，将山、水、建筑、植物互相协调地结合，表现出各具特色的意境。

发展到近代为止，中国的园林是以创作山水、自然为生活境域的山水园而著称。汪菊渊指出，我们对于“山水园”的理解不能仅仅从字面上来看，认为就是山和水而已。自古以来，无论是皇帝的宫苑，还是士大夫、地主富商的园林，都是为了“放怀适情，游心玩思”而建造的，或者利用天然景区加以改造成为美而自然的游憩休养生活境域，或者在城市里创作一个山林高深、云水泉石的美的自然和生活境域。劳动人民在统治阶级的压迫和剥削之下，或仅仅能使生活维持下来，或只有极少的和有限的享乐，比如说，到郊外风景胜地或天然名胜区的寺庙、丛林去游赏。

中国人对山水的爱好是十分深厚的，而且迫切要求在居住生活中也能表现自然。要在作为生活境域的园林中表现自然，创作山水，早在先秦时期就有了。到了西汉时期，在宫苑中创作的山水跟战国时期和秦代开始的方士炼丹、黄老之术，以及神仙的传说和海中有仙岛的故事相关联。于是，在宫中穿凿一个大的湖池比作大海，湖中有蓬莱、方丈、瀛洲等“神山”比作仙岛，身临其间，就仿佛作为“真人”一样生活在仙境中了。虽然开始的时候，这种有山有水的布置是跟皇帝统治者的妄想长生不老、永统天下的思想密切相关，但逐渐地这种“一池三山”的布置就成为园林中布置山水的一个传统。当然，这个传统随着社会经济的发展，随着人们认识和表现山水（自然）的技巧的不断进步，其内容是在变化着的。

在我国文化传统中，歌颂自然的文学、艺术作品是非常丰富的。它们都确切地表明中国人民对山水的爱好是十分深厚的，感受是非常深刻的。伟大祖国的锦绣河山永远是中国人民热爱歌颂的对象，启发了人们无尽的诗情画意。毛泽东的《沁园春·咏雪》中有“江山如此多娇，引无数英雄竞折腰”，充分说明了我们民族是如何热爱自己祖国的多娇河山。由于中国人民对山水的爱好，并迫切要求在城市生活中也体现自然和接近自然，加之历代匠师们积极努力的创造，就发展了在生活境域的园林中具体地体现自然的手法和技巧。到了唐宋时期，山水园的创作已获得优秀的全面的成就，到了明朝有更为完善的成就，并得以写成园林艺术专著——《园冶》。山明水秀、人文发达的江南地区，自南宋以来，特别是明清两朝，兴建了众多名园（图3-26）。干燥寒冷的北方，特别是元、明、清的京都——北京，在清康熙、乾隆时期，宫苑的兴建极盛（图3-27、图3-28）。

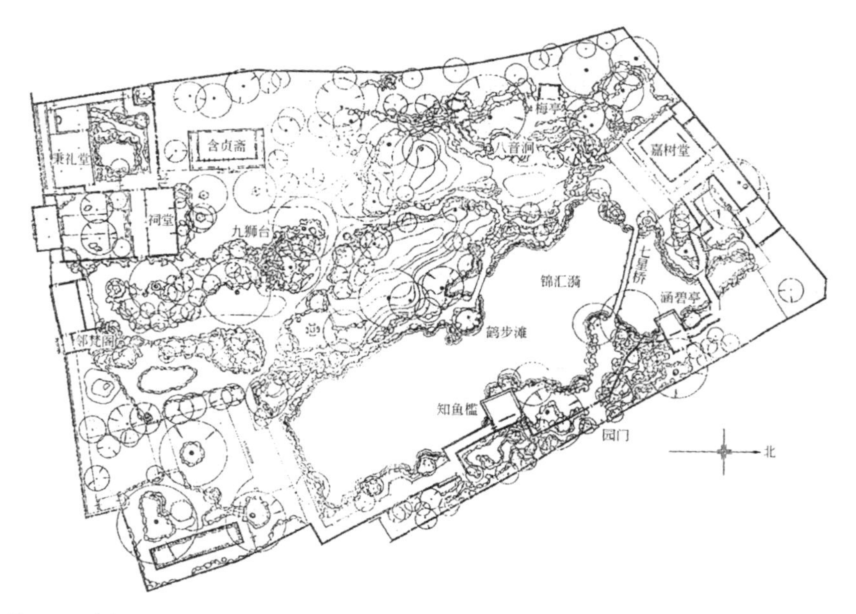

图 3-26　寄畅园平面图（资料来源：汪菊渊《中国古代园林史》）

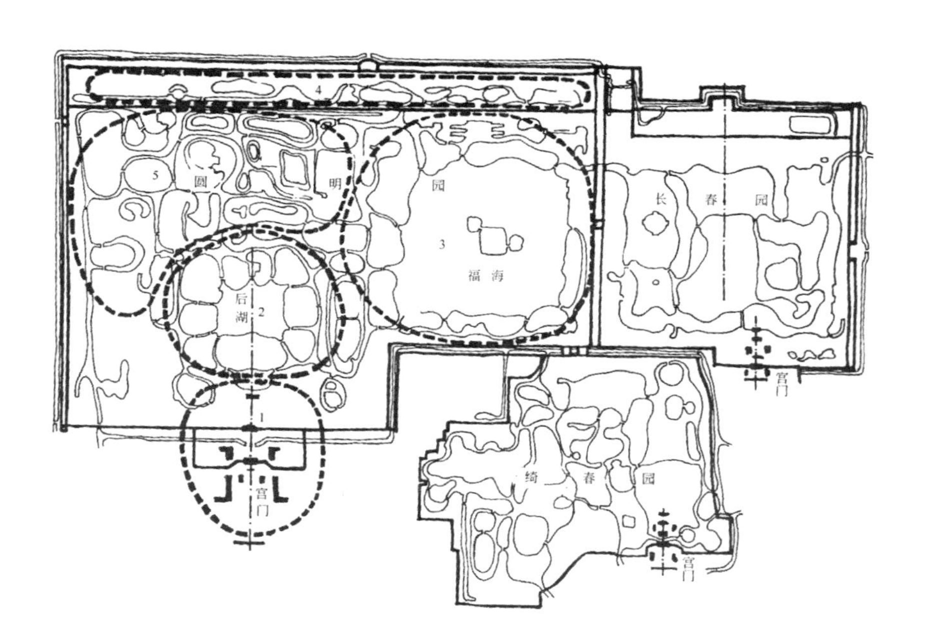

1—大宫门—宫廷区；2—九州景区；3—福海景区；4—北部景区；
5—西部景区（集锦式散点景区）。

图 3-27　北京圆明园分区图（资料来源：汪菊渊《中国古代园林史》）

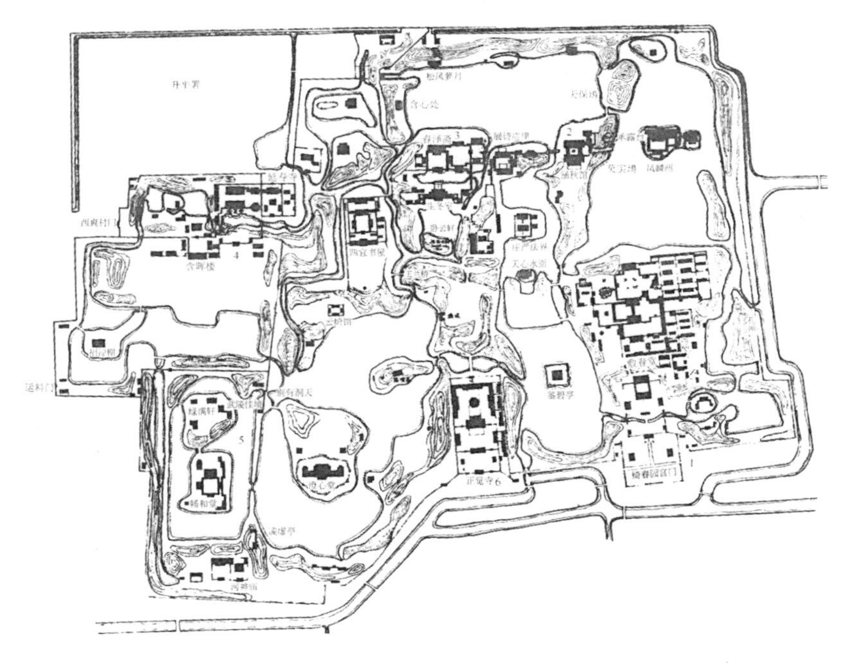

1—大宫门（天地一家春）；2—凤麟洲及东北部山水；3—春泽斋和生冬室；
4—清夏斋；5—西南区水景；6—正觉寺。

图 3-28　圆明园绮春园平面图（资料来源：汪菊渊《中国古代园林史》）

这些规模庞大的园林修建的实践，使我国园林艺术获得了前所未有的卓越的成就。

园林里所表现的自然，所创作的山水，还只是形成传统园林的一个自然境域，或者说是一个自然环境基础。这种地貌创作一般要求是有山有水。有了山也就是有了高低起伏的地势，就可以扩增空间。但有了山还只是静止的景物，必须有水方好，所谓“山得水而活”。有了水就能使景物生动起来，而且在筑园的实际上，凿池就能堆山（土方平衡）。有了山也不能是童山濯濯，必有草木的生长才能鲜活，所谓“山得草木而华”（图3-29）。有山有水，有树木花草，也就是有了自然景物，还必须可行可居，可以进行各种文化、休息活动才能成为生活境域。于是有处可居就有轩斋堂屋，有景可眺就有亭台楼阁，借景而成就有榭廊敞屋，以及竞马射箭、弈棋抚琴、宣奏乐曲等活动的场所。所有为了这些功能要求而建造的建筑物都称为园林建筑。这些园林建筑的摆布全在相其形势之可安顿处、可隐藏处、可点缀处，或架岩跨涧，或突入水际，

图 3-29 苏州耦园山石与树木的搭配（黄晓 供图）

或依山麓，或置山巅。总之，要根据创作的形势相配合，是因景而生，借景而成。只有这样才能见景生情，才能真有意味，所以园林建筑常是景物创作的对象之一。

无论是宅园还是宫苑的园林建筑，除了某些在一定地点的亭榭之类建筑常作为单独建筑物来布置以外（如在半山、山顶的作为休息眺景的亭或水际的榭等），一般的园林建筑常是由各种不同的单个建筑组合成为一个建筑群，或称建筑组合。建筑组合的基本形式或是“一正两厢”围成中心落院，通称四合院；或是由中心轴线上多重组合，通称为重列式；或是四合院式和中轴线上重列式相结合。而在园林中更多见的是在上述基础上或增一间半室，或错前列后，或依势因筑，而有错综复杂的变化。单独建筑物平面的本身也可以有种种样式的变化，如“口”字形、“工”字形、曲尺形、偃月形等。这些建筑群又常以回廊界墙界定开来，并结合树木花草、山石水体的配置，连同四周的自然风光而意境自成，可以成为独立性的局部，即园中园，有时也称作景区。

园林建筑毕竟不同于一般建筑物，除了满足居住、休息或游乐等实际需要外，往往还是园景的构图中心。至于一些构筑物如码头、船坞、桥梁、棚架、墙廊等也是如此，除了满足一般功能要求外，也往往是园中的景物。

我国园林中的树木花草（观赏植物）不仅是为了使山水“得草木而华”，还是为陪衬园林建筑而相结合并点缀其间。观赏植物本身也常组成群体而成为园林中的景，如梅林、竹林等。特别是在城市宅园中要达到城市山林的意境，更要有嘉树丛林的布置。用植物题材构成的意境，首要是得植物的性情。

总的说来，我国传统的园林是以创作的山水为生活境域的，在这个创作的自然基础上，随着形势的开展和生活内容的要求，因山就水来布置树木花草、亭榭堂屋，互相协调地构成切合自然的生活境域并达到“妙极自然”的境界。所以这种园景的表现，不仅是一般自然的原野山林的表现，而是表现了人对待自然的认识和态度、思想和感情，或者说表现了一种意境。

那要怎样来具体表现所认识的山水呢？也就是说，达到怎样一种境界呢？我国园林艺术专著《园冶》中有这样一句名言，“虽由人作，宛自天开”，或者如古人所说的要达到“妙极自然”的境界，或者如曹雪芹在《红楼梦》中借贾宝玉评稻香村时所提出的一番议论，“有自然之理，得自然之趣，虽种竹引泉亦不伤穿凿，古人云：天然图画四字，正恐非其地而强为其地，非其山而强为其山，虽百般精巧，终不相宜。”这些都说明园林创作的意境要切合自然，要真实，也就是说园林中的一丘一壑，一泉一石，林木百卉的摆布都不能违背自然的规律，不能矫揉造作，而要入情入理；清朝方薰在《山静居画论》里写道：“画之为法，法不在人；拙而自然，便是巧处；巧失自然；便是拙处。”这里所谓“法”就是规律，所谓“不在人”就是说不是人的意识所能左右的。法是客观存在的规律，画山水而能符合山水构成的规律，便是巧处，不合山水构成的规律即便百般精致也是拙处。当然，这里所谓符合山水构成的规律是指创作的山水应当符合自然地理学的山水构成原理，但是并非说就是自然地理的景观图。山水园或山水画是艺术作品，既要真实又要表现人对自然的思想感情。所以“妙极自然”并不就是自然的翻版，“宛自天开”并不就是跟天生的一模一样，拿现代的话来说“妙极自然”和“宛自天开”可以理解为就是要真实地、具体地、深刻地反映自然。符合这一根本命题的园林才是艺术创作的园林。

我国著名的园林如承德的避暑山庄（图3-30）、北京的颐和园和北海公园（图3-31）、苏州的拙政园等对于今天还保有艺术意义，并继续使人们得到美的享受，首先就因为这些园林是有生命的艺术作品，是与艺术中

图 3-30　承德避暑山庄及外八庙鸟瞰图（资料来源：汪菊渊《中国古代园林史》）

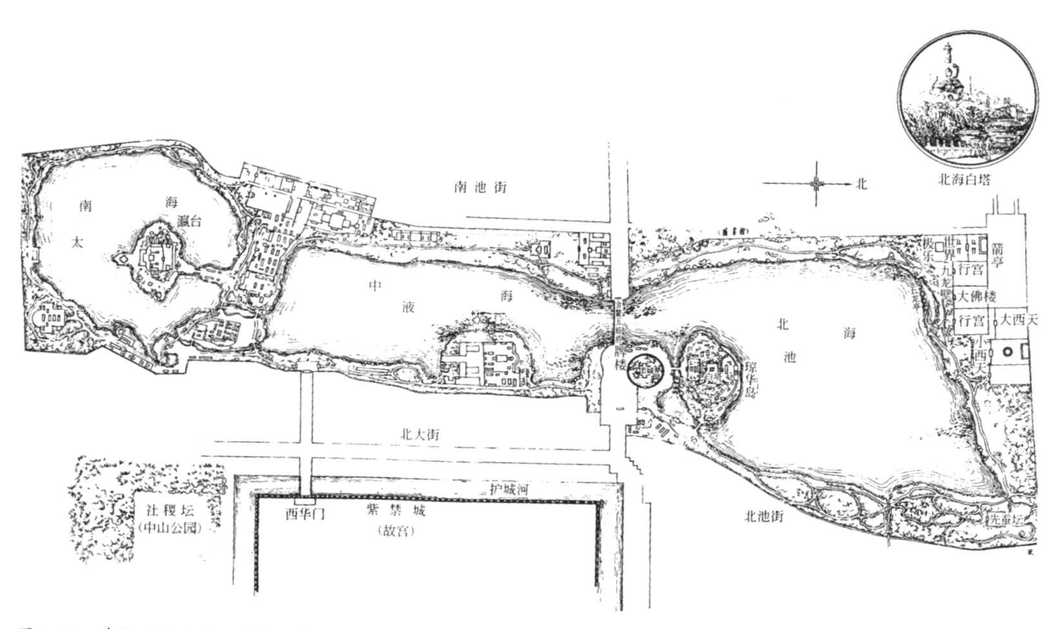

图 3-31　清代西苑南海、北海、中海平面图（资料来源：汪菊渊《中国古代园林史》）

某种永恒的东西联系着的，是由于它们的内容、真实性和以优美的艺术形式表现出来的山水深深地感动着人们。优秀的古代作品总是吸取自人民创作的素材，人民数千年来所积累的所创作出来的艺术形象、技术经验等，因此它的根源是在人民深处，是在人民的创作之中。所以，任何一个名园中优秀的叠石掇山和理水，亭榭楼阁和轩斋堂屋，树木花草的布置，无一不是和人民的创作相连的。

第五节

外国园林的形式演变

园林是人类社会发展到一定阶段的产物，表现了人对自然的思想感情。不同的民族和国家对于自然的认识不尽相同，但只要真实地、具体地、深刻地反映自然，都属于艺术创作的园林。通过对中外园林遗产的认识，梳理其各自形式演变的进程，有助于人们学习和吸取世界各国园林艺术的优秀传统，从更大的范围、更广的角度来理解园林的发展，乃至文化的交流与文明的互鉴。

汪菊渊按照地域和时间的差别，研究分析了日本、意大利、法国、英国、俄罗斯的古典园林，以及近现代西方资本主义国家的园林艺术，还有外国园林形式的发展演变。汪菊渊认为，只要认真地总结和批判地继承我国园林遗产及其优秀传统，吸收世界各国园林对我国有用、有益的部分，充分运用现代科学和技术成就，以中华民族所特有的独创的风格和生动的艺术形象来创作具有中国特色的现代公园，经过几代人的实践努力，必将在我国园林发展史上展开光辉灿烂的新的一页。

一、日本园林的发展演变

日本庭园的意匠，总的来说，是再现自然。由于日本受国土的影响，人们尤爱好海洋岛屿海滨景观、瀑布和溪流的再现以及置石的意境。

日本庭园在古代受中国文化和苑园尤其是唐宋山水园的影响。汪菊渊提到，从东汉开始，特别是隋唐时期，经济、文化的交流频繁，中国当时的经济、政治制度都影响到日本，对日本的文化革新曾起过重大的作用。日本园林在古代就受我国汉朝影响，如《日本书记》卷十六武烈天皇条载："穿池起苑，以盛禽兽，而好田猎。走狗试马，出入不时。"此外，卷十五显宗天皇条，提到"仿汉土曲承宴"。从大化革新到奈良时代出现了较为发达的文化，在庭园方面，推古天皇时因受佛教影响，在宫苑的河畔、池畔和寺院内，布置石造、须弥山作为庭园主体。从奈良时代到平安时代，我国汉朝“三山一池”的神仙境也影响到日本的文学和庭园。恒武天皇有模仿汉上林苑的神泉苑的营造，尚有部分遗迹保存。平安时代前期已有“水石庭”，主题是池（海）和岛的日本风格在形成中。这时还有日本最古老的造庭法著作，名叫《前庭秘抄》（又名《作庭记》）。平安时代后期又有《山水并野形图》一卷，卷头有“东方朔记图云云”，仍受中国庭园思想的影响。廉仓时代庭园也开始变化，已从象征的形式进展到把自然景物在小块园地内缩景式的表现转变。吉野时代庭园特色是广大水池，曲折泊岸（或像“心”字形）。置石方面由单石发展了石组的技法和泷口的构造，又有残山剩水的风格出现（后来发展为枯山水）。室町时代又有茶庭的出现，到桃山时代大为兴盛。到江户时代，日本庭园初步完成了自己独特民族风格的庭园，著名的有桂离宫（图3-32、图3-33）。日本庭园根据庭池的类别分为筑山庭和平庭两种。平庭又分为露（水）地、茶庭两个变种。不论筑山庭或平庭，在手法上都有所谓真、行、草三种体裁。

通过以上叙述可以看到，中国文化传入后经往后几世纪的发展形成了日本民族所特有的山水庭，十分精致和细巧，表现了日本人民的艺术风

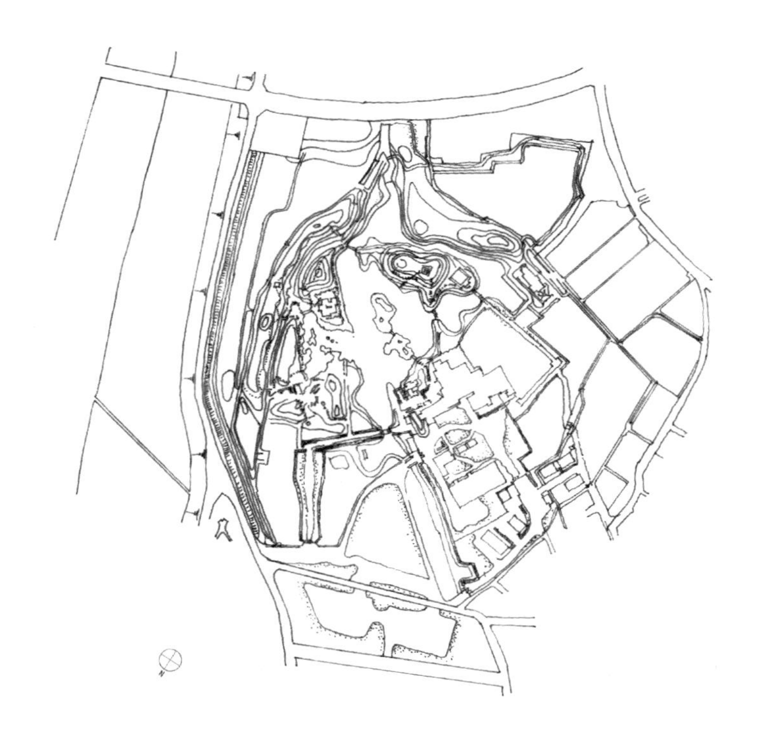

图3-32 日本桂离宫庭园平面图（王丹丹 绘）

图 3-33　日本桂离宫庭园俯瞰图（王丹丹 绘）

格。这种庭园的主题是在小块庭地上表现一幅自然风景的全景图。正如画家把千里山河表现在数尺见方的画布（纸）上，日本庭园也可说是自然风景的缩景园，并富有诗意和哲学意味。

二、欧洲园林的发展演变

欧洲园林的发展受封建制度和宗教影响很大，中世纪封建制的形成和封建领土（采邑）的占有促进了城堡式庄园的发展，掌握着知识文化的教会和僧侣促使了寺院式园林的发展。

文艺复兴时期，造型艺术和建筑艺术非常繁荣，园林也像雨后春笋那样兴发起来，意大利台地园作为一种新的园林形式向东传播并影响欧洲大陆各民族和国家，以及英伦三岛、北欧等。关于近代欧洲园林形式的发展就以文艺复兴时期意大利台地园开始（图3-34）。

意大利由于地形和气候的特点，把庄园筑在山坡上，就产生了在结构上称作台地园的形式。恰当地运用这一地形结构辟出台地，并灵巧地借景于园外（明媚的远景），因此邸宅的位置往往安排在中层或最高层台地上，并有既遮阴又便于眺望远景的拱廊。在低层台地部分多用绿丛植坛，表现图案的美。

图 3-34　意大利菲耶索勒美第奇庄园（王丹丹 绘）

由于气候闷热和地理条件的特点（北部山地泉水丰富），台地园的设计上十分重视水的运用，既可使环境凉爽又可使园景生动，于是在理水的技巧上，有各种新的创作，而且提升了光和荫的对比作用的运用。因为天气闷热，在植物材料的配置上，避免用色彩光亮温暖的花卉。在树木方面，充分利用意大利国土特产的丝杉、石松、黄杨和冬青等常绿树木。处处森林般的绿荫和绿丛植坛就成为意大利庭园植物题材上独特风格的表现。由于台地园结构上需要，登道、台阶等的运用十分普遍，因此这方面式样发展得丰富多彩（图3-35~图3-37）。

16世纪初叶以后，意大利人和法国人经常在战场上见面。法国虽然在战争上未能如愿，但由此而接触了意大利文艺复兴的新文化。意大利文艺复兴时期的建筑形式也从此开始传入法国。但在传入的初期，法国固有的建筑传统对于这些外来的建筑形式是格格不容、对立抗拒的。当时法国建筑只在细部装饰上受意大利文艺复兴式的影响而有些微改良。在造园方面的情况也是如此：宫廷建筑还都是城堡式的，城堡式庄园布局仍然承继中世纪的传统，只在沿着城墙边的方形地段上有意大利模样绿丛植坛的布置方式。

图 3-35　意大利兰特庄园
（王丹丹 绘）

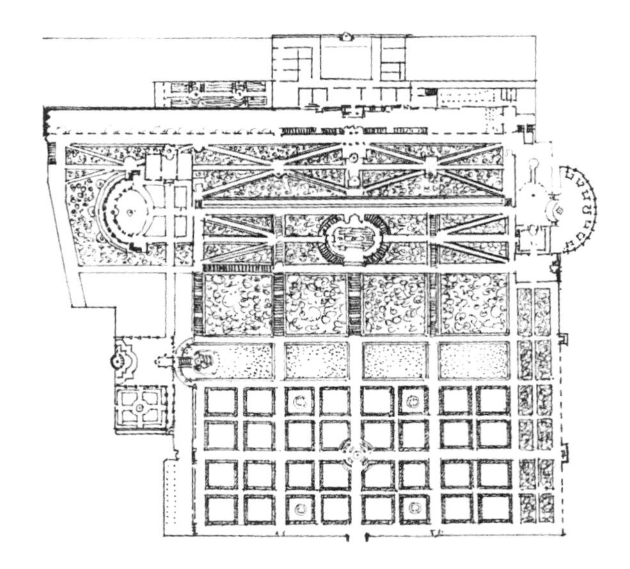

图 3-36　意大利埃斯特庄园
平面图（王丹丹 绘）

图 3-37　意大利埃斯特庄园（王丹丹 绘）

在路易十四时期，法国在欧洲大陆上夺取了将近100块小领土，建立起君主专制的政体，所以17世纪末是法国的极盛时期。路易十四为了彰显至尊和权威，建造了宏伟的凡尔赛宫苑（图3-38），是法国规则式造园的代表作之一。这个宫苑是法国最杰出的造园大师勒诺特尔所设计和主持建造的。由于他一方面继承了法国园林民族形式的传统，一方面批判地吸取了外来园林艺术的优秀成就，通常就把这个时期法国的苑园形式称为勒诺特式。勒诺特式园林形式的产生，揭开了西方园林发展史上新的纪元。

18世纪英国浪漫主义思潮波及园林艺术方面，自然主义风景园出现。自然主义风景园的初期创作者中，肯特是较著名的。大体说来，初期自然主义风景园就是把绿色建筑形体和直线条弃去不用，而代之以树丛和圆滑的弧线苑路以表现自然风致。肯特的弟子布朗曾改建了，实际上也可说是毁坏了不少古老的树林。当时正处在追求风景园的高潮中，许多意大利文艺复兴式台地园或勒诺特式园林被改造，台地被改回为波状起伏的地形，不可胜数的整形修剪的树木甚至优美的行列树也被毁去。到了18世纪末叶，布朗的继承者雷普顿把风景园设计向前推进了一步。当时反对风景式

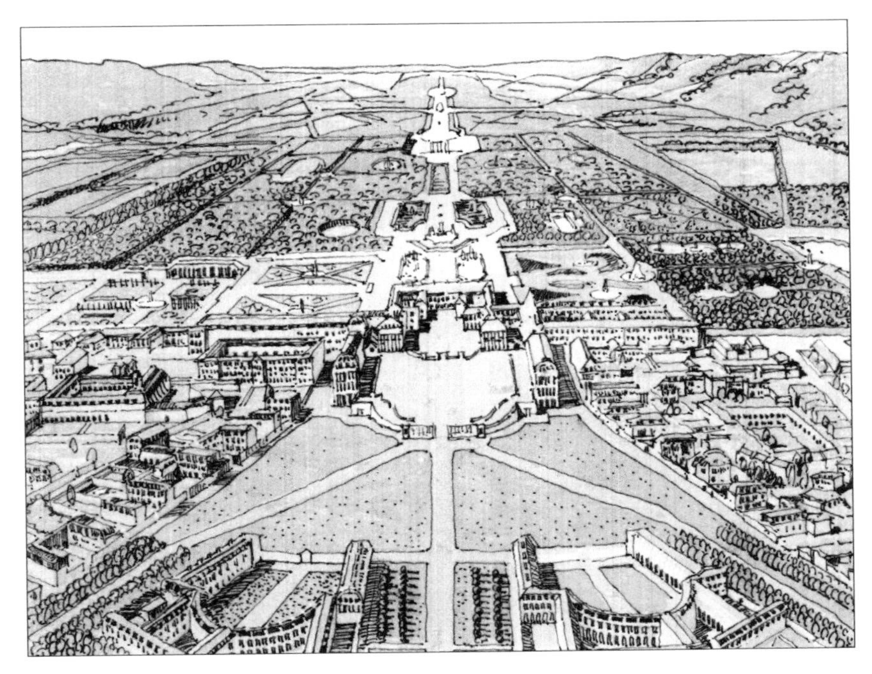

图 3-38 法国凡尔赛宫苑（王丹丹 绘）

的呼声日高，有的埋怨风景园并未能成功地表现自然风景，而且由于过分地模仿自然而失去亲切动人的意味。英格兰风景园盛行近一个世纪光景，但是实际上它从来没有完全成熟而成为完美的令人满意的形式。18世纪的风景园不能把实用和美观相结合的这一点，正好给19世纪反对风景园形式的人群一些口实和理论的根据。

另外，在17—18世纪，欧洲对中国的艺术有一种热爱狂，仿中国式艺术作品的浪潮风靡全欧洲。中国的园林形式也成了当时统治阶级想效法的对象，他们利用从商人和传教士的书信中得到的信息来进行局部的仿作或是仿中国式建筑的创作。同时，我国山水园的“妙极自然、宛自天开”的艺术思想也对当时欧洲的园林创作产生了重大的影响（图3-39）。

19世纪的英国，由于殖民地和市场扩展到世界的各个角落，从温带、热带引入了很多观赏植物种类。许多美丽的花只能在温室里繁殖育苗培养，但到了温暖的季节就可以移植到花坛里，使花坛增加灿烂的色彩。细节上的丰富性成为19世纪初期英国庭院中一个特色。到19世纪末叶，英国的园艺颇为发达，以合乎自然形式的花卉配置为设计原则，同时使园的结

图 3-39　英国邱园中的中国塔
（王丹丹 绘）

构以花为主题，发展了所谓花园（garden）这一形式，又发展了不同植物群落的特殊类型的花园。

20世纪，随着资本主义的发展，城市居民人口的迅速增加，更引起了居住情况恶劣化。资本主义国家在资产阶级民主革命胜利之后，没收了皇帝和贵族的园林，使之成为城市的公共使用绿地，美其名曰“公园”（public park，公共的园林）。新建的资本主义城市或旧城市的改建、扩建时，也有林荫路、街道树、小公园等新建设施。但是由于资本主义国家的性质使然，这种供市民游憩的绿地只有在富裕阶层的居住区里才有分布，或分布在远郊区只有富裕的资产阶级才有方便去享受。

三、俄罗斯园林的发展演变

俄罗斯的花园和园林，有其本民族的传统。18世纪后半叶，在布局上与周围自然密切结合是俄罗斯庄园发展的特征。

汪菊渊认为俄罗斯园林的历史发展可以莫斯科园林的发展情况为例来说明。在13—14世纪旧莫斯科城没有扩大前，还是一个被密林和沼泽所包围的城市，旧莫斯科周围分布着几个村庄。15世纪在王宫对面的瓦西列夫牧场上开辟了一些花园（所谓御花园），16世纪时期的莫斯科几乎家家都有花园。从“高杜诺夫”计划可以想象17世纪莫斯科的面貌。这个计划中，沿涅格林河和遥兹河出现了一些楔形绿池，无数绿点代表宅旁的花园和菜园。在18世纪，莫斯科开辟了许多新的花园和园林，最大的花园分布在遥兹河和莫斯科河沿岸。可是所有这些大花园对普通人民都是关着门的（图3-40）。

19世纪20年代，莫斯科在拆毁土城和铺设宽广街道的同时，当局命令凡是沿街的住宅都必须辟有花园，因此在当时形成了环城花园。就在这些年代里建筑家鲍维在克里姆林宫附近创作了公共使用的亚历山大花园。许多私人花园和宫廷花园都变成了城市公园，如彼得公园、涅斯库契公园和斯都其涅茨公园。1861年农奴制改革以后，莫斯科已经在资本主义经济的基础上开始蓬勃地成长，随着城市人口的迅速增加，城市把郊区的绿地也占据了，从北部的奥斯坦契沿涅格林河突入城市的楔形绿地分裂成许多小块绿地。在十月社会主义革命前二三十年中，莫斯科许多绿地被毁了，从

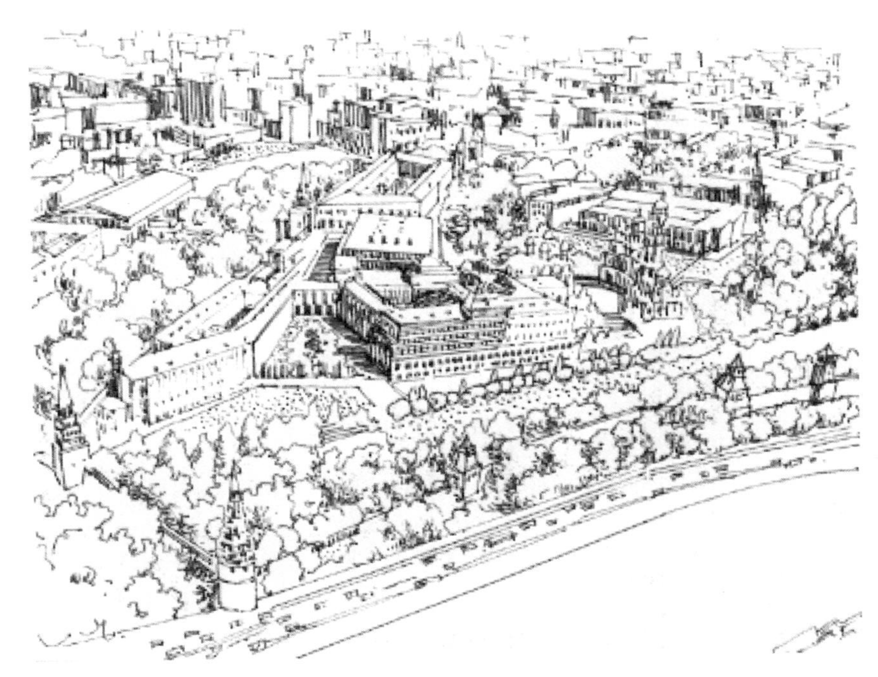

图 3-40　俄罗斯克里姆林宫（王丹丹 绘）

前布满树木的绿化地带，密密地建造了住房、工厂和作坊。十月社会主义革命以后，对待城市绿化的态度发生了根本性转变。苏联城市绿化被看作改善城市居民生活和卫生条件的主要因素，同时也把它看作点缀城市的一个重要手段。因此，在所有改建和重建的城市中规定要在改建和建设城市同时，有计划地创造完整的绿地系统。

参考文献

汪菊渊. 中国古代园林史纲要油印本[M]. 北京: 北京林学院, 1958.

汪菊渊. 外国园林史纲要油印本[M]. 北京: 北京林学院, 1958.

汪菊渊. 中国古代园林史[M]. 北京: 中国建筑工业出版社, 2006.

汪菊渊. 中国古代园林史(第二版)[M]. 北京: 中国建筑工业出版社, 2012.

汪菊渊. 吞山怀谷: 中国山水园林艺术[M]. 北京: 北京出版社, 2021.

汪菊渊. 我国园林最初形式的探讨[J]. 园艺学报, 1965(2): 101-106.

汪菊渊. 北京明代宅园[C]// 林业史园林史论文集(第一集), [出版地不详]: 1983.

汪菊渊. 北京清代宅园初探[C]// 林业史园林史论文集(第一集), [出版地不详]: [出版者不详], 1983.

第四章

园艺开拓，行业先驱

图 4-1　1989 年汪菊渊（右）和陈俊愉（左）一起参加梅花展览（资料来源：中国工程院院士馆）

汪菊渊是中国园艺研究与行业的开拓者和先驱者之一，他的学术思想和成果为中国园艺事业的发展打下了坚实的基础。在中国园艺事业发展早期，最重要也最紧迫的便是关于园艺的一般原则的制定，其中包括灌木、乔木、花卉等植物的移植、栽植、配置、整形和维护等。1947年，汪菊渊在上海园艺事业改进协会丛刊刊发了《植物的篱垣》与《怎样配置和种植观赏树木》两本著作。

《植物的篱垣》一书介绍了植篱的栽种、整形修剪以及更新的一般原则，并提出园林中的植篱不仅要满足划分园地、防风雨、遮蔽不雅观部分的功能，更要使其如同人穿的衣装一般，使植篱尽显优美，点缀园地。《怎样配置和种植观赏树木》一书介绍了观赏树木（包括乔木和灌木）的配置、种植（包括栽种时间、掘起树木和树木入土的注意事项），并提出不论是怎样的种植方式和配置方式，从业者需要发现不同树木自带的个性美，并且使树木在园林中充分体现个性美。

《植物的篱垣》与《怎样配置和种植观赏树木》是汪菊渊在中国园艺事业发展早期编写的关于园艺一般原则的著作。此后，他还陆续发表了《扫除园艺工作中资产阶级科学的毒素》《短日照处理“十・一”开花的菊花品种比较试验》《选映山红作为我国国花》《芍药史话》《〈中国梅花品种图志〉评介》等文章。汪菊渊提出的关于植物移植和种植的思想，成为中国园艺事业发展的基石，在之后的园艺事业发展中开枝散叶，为中国园艺事业的探索与开拓作出了极大的贡献！

第一节

植物篱垣的应用与维护

图 4-2　汪菊渊刊发于上海园艺事业改进协会丛刊的《植物的篱垣》

1947年，汪菊渊刊发了《植物的篱垣》一书（图4-2）。当时中国的园艺事业正处于百废待兴时期，属于探索开拓阶段，有关中国园艺事业最基本的准则和标准尚未制定。作为中国园艺事业的先驱者之一，汪菊渊在《植物的篱垣》中从植篱在园地中的必要性，植篱的样式，植篱的栽种、整形、修剪和更新原则3个方面进行论述，提出了关于植篱的指导性原则，对当时及后来的中国园林事业的发展有着不可替代的贡献。

一、植篱在园地中的必要性

植物构成的篱垣称作植篱，设在园地中的植篱可以用于划分园地、遮蔽不雅观部分、防范风雨或者作为绿色背景等。汪菊渊指出，任何一块园地，为了防范闲人的闯入，或是为了庭园管理上的便利和周到起见，必须在四周设立篱垣。植篱是需要相当的时间和功夫才能完成的，虽然植篱不像竹篱、砖墙等能够实时筑成，可是植篱本身的绿意盎然，以及点缀的花朵，使得植篱的观赏性和艺术性比之那呆板的墙垣、篱笆不知美观多少倍。随着中国园艺事业的发展，植篱已经成为现代绿化景观的重要组成部分之一，汪菊渊推崇的花朵点缀植篱，也演化为现代绿化景观中的常绿篱、花篱、观果篱、彩叶篱等极具观赏价值和艺术价值的植篱。

二、植篱的样式

植篱的样式有很多，汪菊渊认为可以根据植篱是否经过整形或者是否需要进行整修，将植篱的样式大致分为自然式和规则式两大类（图4-3）。

（1）自然式植篱。这类植篱不加人工的修剪和整形而自由地生长，得有自然的姿态和天然的风趣。在区划园地分成几个小区域而设置的，或遮蔽不雅观部分或防风雨而设置的植篱，以自然式最相宜。自然式植篱的管理也最简单，每年只要进行一两次的修剪，把枯死的或不必要的或受病虫害的枝条剪除即可。

（2）规则式植篱。这类植篱要经人工的整枝修剪，琢成各种式样。最普通的式样是标准的水平式，就是植篱的顶面剪成水平的平面。此外又有各种各样的变化。例如，隔相当距离，比方说二十尺[1]，有城堞一般高升的方框，称作城堞式，或有一个半圆弧，或有一个圆球状的饰物。虽然在整形上比较困难，但所形成的植篱的式样比较美观。也可以修剪为高下起伏形成波浪一般的波浪式，或仅在出口的两边修成鸟兽、圆球、圆柱等形状。规则式植篱高度为3~10尺。

（a）规则式植篱（苏雪痕 摄）

（b）自然式植篱（姚瑶 摄）

图4-3 植篱的样式（资料来源：苏雪痕《植物景观规划设计》）

1 1尺≈33.3cm。

汪菊渊对植篱样式的分类概念沿用至今，在他的分类基础上，中国现代园林演化出更为丰富也更为细致的植篱样式分类。

三、植篱的栽种、整形、修剪和更新原则

植篱的栽种、整形、修剪、更新都是有所讲究的，在汪菊渊的《植物的篱垣》这一著述前，未有文章对植篱的相关原则做系统性地描述。

汪菊渊认为，植篱的栽种一般有单行种植和双行种植两种栽种方式，除非因为园地的面积过小，只能单行种植外，植篱的栽种最好成双行而且各株交叉间隔地栽种。行间和株间的距离因植篱的式样和植物的种类不同而异。例如，松、铁杉等松柏类树木，或柳、绣球属、珍珠梅属等灌木。作为厚密的自然式植篱时，株距是三尺，作为较低矮的规则式植篱时，栽种的株距是一尺半至二尺。一般作为适中高度的规则式植篱时，腰叶黄杨、枸橘、小蘗、火棘、鼠李、铁篱笆等的栽种株距是一尺至一尺半。花坛边缘作低矮植篱用的矮生扁柏、黄杨、小蘗，及其他生长缓慢的植物的栽种株距是八寸[1]至一尺。

汪菊渊提出需要常年保持土壤的营养和水分，他认为栽种植篱地带的土壤须相当肥沃。不然，在耕地的时候要施基肥。植篱地带是否有遮阴，也应当注意。在大树下生长的植篱自然较差，虽然事实上有时不能避免，但是小蘗、黄杨等种类比较能耐阴，尤其是房屋等的庇荫。因为这类建筑物只是遮去了阳光，并不像大树般有扩伸的根群蔓延，抢夺土壤中的水分和养料。植物的生长是需要水分的。在干燥的土壤里栽培的植篱受到损害，或竟枯死。所以植篱初种后的第1~2年，要注意浇水，较为妥当。施肥虽然不必过量，但每年少量的施用肥料仍属必要。因为人们所希望的植篱是要能够较久长地保持生长茂盛的健全的状态。为了这个状态，氮素肥料较之其他肥料更有必要。厩肥是最适宜的肥料。化学肥料之中，仅含有多量氮质成分的才受欢迎。施肥的时期在早春，即植物开始生长的时候（约四月）。五月底以后，就不宜再施用肥料了。

植篱栽种好之后，就是植篱的整形、修剪和更新，这部分工作需要相当的耐心。汪菊渊认为整形是最基本的工作，在栽种时整形尤为重要。因为那时的整形对植篱往后生长的姿态有决定性影响。以今日一般情形说

1　1寸≈3.3cm。

来，通常的植篱都是太薄、太窄了。普通人以为植篱不过是一垛隔离外界的墙，墙若有一尺的厚度已是很好的了。不难看到许多人家栽种的植篱只有一尺半到二尺的厚度。事实上，植篱最好的厚度至少要有三四尺，或高大的植篱要有六尺、八尺甚至十尺的厚度。有这样厚度的植篱，才能有多量的枝条和多量的叶子，使植篱的生长健壮。他指出，一般植篱的另一大缺点是基部稀疏，失去了近地面部的枝条而漏出空隙来，也就不合乎作为植篱的用途。最大的原因是未曾注意及早期的整枝和修剪，也有因过于轻度的整枝（为了初期能早长高），或不适当的整形所造成。

汪菊渊针对植篱基部稀疏的缺点，建议栽种时，第一年的整枝应当重度地摘梢，甚或把苗在近地面部剪断，使基部发生厚密的枝条。只有宽阔的植篱才能负荷大量的枝叶，才能较长久保持健壮的姿态。为此，植篱的行株距要适可，切不可为了早期看起来较好而密植。只有基部枝叶发育良好，遮挡从外透视的效力才大，防范风雨的能力才强。植篱的适当形态要在剖面看来不是一个“V”字形。这样，基部的枝条就不能受到充分的阳光照射，也就永不能发育良好，适当的形态应是倒转来的⌒形。这样才能使基部的枝叶接收到大量充分的阳光生长健壮而较久保持植篱的优美生长，要形成这种形态就必须在早期的整枝和修剪时，先促生近地面部的枝叶横展茂盛，然后再往上生长。

植篱的适当修剪是养成优美植篱的基本工作，汪菊渊就植篱的修剪提出了6个要点：

第一，要动手早。在栽种植篱的时候，就得举行重度的修剪，假如当年的生长很繁茂，在五月中或六月初再行摘梢，到了翌年的早春（二月中），还得再行摘梢。这个早期修剪的目的，是使植篱的基部发生厚密的枝条。

第二，在继续整形的前几年中，上述的重度修剪必须按时施行。二月中，把去年的枝条剪短一寸至一尺，通常是五寸，剪枝的短长，要斟酌去年枝条的生育状况和植物的种类而定。

第三，除了早春（休眠期）的修剪，一年一度的夏季修剪也很有必要，尤其是对于那些生长旺盛且快速的植物，如赝叶黄杨、五加等，夏季修剪是必要的，在第一次旺盛生长后举行，大概在五月下旬或六月中旬。

第四，待植篱已经成长到预定的式样和高度后，修剪只是为了保持植篱在规定的范围内生长健全而已。要达到这个目的，需要了解植物的生长习性，在修剪的时候切记夏季修剪有遏止植物生长、促成衰老的趋向，同

图 4-4　整形、修剪的植篱（苏雪痕 摄）（资料来源：苏雪痕《植物景观规划设计》）

时有增加木质使枝条硬化的倾向。因此，只有生长旺的植篱植物可施行夏季修剪，生长较弱的种类只在每年冬季进行摘梢的工作，夏季可任它自由生长，即使枝条繁生，呈不整齐的状貌，也不必修整。

第五，衰老、凋谢，或有病虫发生，在树龄已老的植篱特别容易出现。这些现象的发生或因受旱，或缺乏养料，或受病菌害虫的侵袭，都是可以预先防治的，如灌溉、施肥、撒布药剂。假若症象已经发生，有时也可利用修剪的方法来恢复活泼的生长态势，就是在衰老、凋零，或受病虫害的枝条部分，施以重度的修剪，一直剪到三四年生的健壮的枝条部分。虽然一时的修剪使植篱的一小部分姿态毁损，但修剪可以刺激老枝的更生力量，重新发育优良的小枝，逐渐长成并恢复优美的姿态。

第六，在特殊情形下，若要更新植篱，可以把整个植篱剪到近地面部分，让老枝重新萌发新枝，再加整形，长成美丽的植篱（图4-4）。但这种特殊处置方法，只有树种具备更生能力才可能成功，如赝叶黄杨、珍珠梅、鼠李、柳、忍冬花等。

即使在最适宜的环境下，植篱也不会永远保持繁盛，植篱势必会随着年月衰老，直至枯死。汪菊渊指出，没有一个植篱是能永远保持茂盛的光荣的，因为它所受的整形和修剪是人为的烈性处理，过了10年、20年，或40年，植篱变得褴褛丑陋，一点也不足为奇。我们只有牺牲了它，把业已衰老了的植篱全部掘起，对栽种地带的土壤进行翻耕、施肥，栽种有生气的新苗，三四年后，就又是一个美丽的植篱了。有时，植篱的一段或一部分受病虫的患害而死去，或冻死，或受车辆的冲毁，或受动物的啃毁，需要重植。那么把已毁坏了的植株掘起，土壤重新翻过，施肥或更换新土，

图 4-5 形形色色的植篱植物（资料来源：苏雪痕《植物景观规划设计》）

然后栽种新苗，使之短期内就有旺盛的发育，二三年后即能弥补缺陷，而使整个植篱又恢复了优美的姿态。

《植物的篱垣》是一部系统性的论著，与汪菊渊后来的《芍药史话》等专门介绍某一植物品种的栽种原则的论著有所不同。汪菊渊在《植物的篱垣》的最后列举了主要的植篱植物（图4-5），如五加、小蘖、锦熟黄杨、贴梗海棠、柏木、卫矛、赝叶黄杨、木槿、枸骨、女贞、金银花、铁篱笆（马甲子）、枸橘、火棘、玫瑰花、珍珠花、锦鸡儿、胡颓子、八仙花、鼠李、盐麸木、柳、丁香和绣球花等，系统地描述了植篱的栽种、整形、修剪和更新原则，使其成为新中国园艺事业发展早期的一本科学的、对植物题材的运用具有指导意义的著作，在中国艺林事业中“开枝散叶”，极大地影响了现代景观中的植篱配置和栽种方式，推动了植篱在园艺中发挥重要作用。

第二节

观赏树木的配置与种植

图 4-6　汪菊渊在上海园艺事业改进协会丛刊上刊发的《怎样配置和种植观赏树木》

《怎样配置和种植观赏树木》是汪菊渊在1947年刊发的著作（图4-6）。这本著作着重讨论了包括树木等观赏植物的配置和种植的相关问题，同时提出了观赏树木的配置和种植的相关原则，这是新中国园林事业发展早期鲜有的对观赏树木的配置与种植原则的系统论述，对中国园林后续制定相关的原则和标准有深远影响。

一、对观赏树木的认识

自古以来，中国文人就善于赋予植物以人格，如梅兰竹菊四君子。这就是中国人对植物，或者说是对观赏植物的认识。在栽种植物时，不仅要掌握其特性习性，更要对植物生叶、开花、结果、散叶等各个阶段有感情上的认识，这对园林的观赏植物的栽种尤为关键。汪菊渊认为栽植材料中，没有比观赏树木更为重要的了（图4-7）。它们高大、优美、庄严、

图 4-7　长白山自然保护区姿态各异的树木（苏雪痕 摄）（资料来源：苏雪痕《植物景观规划设计》）

苍老、矫劲，它们的叶小的像鳞片一般，细的像针线一般，圆的像满月一般，细裂像羽毛一样，叉裂像手掌一样……各种不同大小和形态的叶，在春天、夏天的叶色又有一点不同，入秋后有变成鲜红的、金黄的、艳紫的、古铜色的等各种美丽色彩。即使秋叶向入暮的母枝告别，飘落堆在大地的身上，也像地毡一般可爱。这些都是欣赏树木的美的对象。

与古代文人一样，汪菊渊也喜欢将观赏树木拟人化，赋予其感情，使得园林愈加生动活泼。汪菊渊认为，观赏树木有常绿和落叶的区别，常绿树终常保持绿色的叶丛，虽然叶有一年生的（每年春上凋落）和多年生的，但是换叶时，也还保持大多数多年生的叶子。到了春天，常绿树的老叶未落新叶初长的时候，在苍绿的叶丛上新抽嫩绿的或红的或紫的新叶，和早一年生的老叶形成鲜明的对比。冬天，在冷寂的大地上常绿树又给予人类以一种喜悦的温暖和永生的安慰。落叶树，虽然在深秋脱下了绿色的衣裳，但赤裸裸地显出它们躯干的美。例如：白蜡树枝干的形态（图

图 4-8　北京林业大学的洋白蜡
（姚瑶 摄）（资料来源：苏雪痕《植物景观规划设计》）

4-8），每个主枝都是从端直的主干向上辐射斜生，形成像团扇的骨子一般的造型；四照花或楠木的主枝都是一级级地水平开展，主枝上间生短劲的小枝，组合形成像宝塔一般的造型；榆树的枝条都是尽善尽美的柔和折线，是软性的女性美；白杨的枝条都是直上且具有倾向性，短而有劲，每一小枝似一有力的折线紧凑地连拼在一起，更显得像有千钧般力量，是有力的男性美……即使站在远处，只要一瞥就会被这些树木特殊的枝干形态美所吸引。

另外，汪菊渊提出植物的美并不是单调的，植物的美不仅来自绚烂艳丽的花果，也来自苍劲挺拔的树干、斑驳的树皮。汪菊渊提到，我们应发现各种不同类型的树皮的裂纹美：紫薇的树干，光溜溜的像没有树皮一般完全的光滑；水青冈有斑驳的皮纹；木兰在平滑的树皮上有美丽的斑点；云杉的树皮像鱼鳞一般；糖槭、山核桃的树皮，片片剥离，若翩翩欲飞一般；圆柏有着绞曲的树纹，像是曾经一位大力的伟神将树干扭绞过一般。

提起花，更使我们想到美丽的色彩和醉人的芳香，那灿烂满树的樱花，火一般红的石榴花，闪耀银色光辉的玉兰，娇艳的蔷薇，那像玉雪堆在枝上一般的笑靥花，那像白鸽般飞栖枝上两翼尚在拍动的珙桐花，怎不叫人神往？月夜里飘来一阵阵桂花香，带来青春气息的梅花清香，白檀、玉兰的浓香……怎不令人心醉？

自然辛劳的结果，更是人类礼赞的对象：在那深绿叶丛间，挂着大红小果的冬青；秋后的花楸树在美丽的叶丛间挂着或红或黄的果实，累累可爱；青的、金黄的、深红的苹果，透红的桃，胭脂样橙红的樱桃，更是美味可口!观赏树木的内在美和外在美，都令人赞美和喜爱。

二、观赏树木配置原则

观赏树木在园林里有举足轻重的地位，在处置观赏树木的材料方面要十分谨慎，鉴别它们的生长习性，选择适合一定地域的树种来美化园地。汪菊渊提出，观赏树木有着特殊的强烈的个性和特质，可以在园中单植以显出个性美，一株苍老劲姿的古松和一株高大似亭亭华盖的黄桷树有着完全不同的个性美，群植配置又能够创造另一番的意境。经过观赏树木的点缀，可使园地景色姿态万千，与大地和天空一同构成美妙的立体线条。

（一）树木配置原则

树木是园地中重要的一部分，其挺拔的身姿，妖娆的枝叶，俨然是园地中的主角之一，故树木的配置在造园中显得尤为重要（图4-9）。汪菊渊将一般树木配置的形式分为两类：一类是模仿树木天然群生的状态，虽然散乱，但仍然有着规律性的自然结合；另一类是由于人为的意向，以各种天然形态整齐的或人为修整的树木做有规则的整形结合配置。整形结合都采用对称的等距离的直线形；或者是行道树式成行列的栽种，或者是绿篱式一列、两列的平行栽种，使树冠相互接触交叉，并修剪成整齐的姿态；或者是隧道式的两旁栽植，使枝条向道中部伸出，上部交叉密接如同隧道的洞顶；或者是点栽在园中重要的地点，到对称或交互的等距离的点栽植。

为了更标准地模仿树木天然群生的状态，汪菊渊进一步提出树木的自然结合有群植、丛植、团植的分别。群植是用许多不同种类的树木混植在一处，以其中之一为主要的树植，株数较其他种类略多。树群的配置，通常多在道路有曲折的地方、草地的边缘场地的外围建筑物的前后等。这样一方面可以遮蔽园中不雅观的部分或围合一个需要荫密的地段；另一方面可以增进园景的幽远，使不全部显露在外。丛植是指属于不同种类的少数树木丛生一处，株间有相当的距离，树叶往往是为了点缀草地或隐蔽视线

（a）（b）（c）（d）

图 4-9　观赏树木的配置（包志毅 摄）（资料来源：苏雪痕《植物景观规划设计》）

而散位在溪流的两畔，道路的两侧或交叉点上，或透视线的左右为其范围内，小面积的园地就以树叶替代树群的地位，树丛可以是孤立的，也可以是数个树丛相互毗连衬托的。同一种树类的栽植一处就称作团植，许多株数的植团就称大植团，少数的就称小植团。

同时，汪菊渊提出了树木配置时的6个原则：

（1）选择的树种须是本土的或适合本土的，又能够同周围或就地的景致相调和。

（2）树种的结合要能表现某种形象，成为构成整个园景的一个部分，树种结合所表现的形象有几方面，这里先讲线条的结合。园地树木线条的结合要注意两个方面：一是由树体的纵面所形成的树冠结合，也就是说由植冠的高低形态不一，参差结合，可以形成美妙的立体的线条；二是由树体在横面所形成的外围结。即使用同一种类、同一形态的树木相结合，也可能由于距离的近或远，在自然环境和生长的相互影响下，所形成的特殊的全体姿态和外形跟单株所形成的完全不同。

（3）从栽植点的连接上说来，树木的自然结合，不是在一条直线上而是在三角的点上。不经意的连续单调的三角点栽植，往往就会形成行列式，因此，所谓三角点是不等边的三角的前后左右相互连接的点。

（4）树冠的色彩结合上要深浅相映，在树丛的边缘部分选取树冠色泽浅淡的树木，中央部选取深绿色树冠的树木，有时为了要有范围物使透视园景的视距差增长，可用衬色法将深色树冠的树木列在前端，浅色树冠的树木列在远处的一端。倘若采用相反的处置，就可使园景趋于沈肃。不同花色的树木结合，更要注意色彩的对比、调和、相互衬映、烘托。树冠各季颜色的变换，开花的先后或同一时期，花色与做背景树丛的叶色间的关系，这些对于色彩结合的关系，都应在决定结合前加以注意。

（5）从生长习性方面看，宽圆外围形的树木，应种在树群边缘的突出部分；比较狭高的，可种在树群的深处的中心。那么在全群所有树木长成后，不致失去各自的显著性。通常同一树群选择的各种树木的春天展叶时期要相差不远，不然展叶特别晚的树木，在春已上梢的树木中，看来好似已枯死的秃枝枯干一般了。生长的快慢，成长后可能占有的空间，各种树木亦不同，在决定栽植的距离和种树配合的时候，即应予以考虑，切不可为了一时的美貌，造成日后生长拥挤的丑劣结果。

（6）地形与树木的结合亦有相互衬托的效果。如一个山丘，往往因为山顶配置高的树木，山坡配置中大的树木，山脚栽植灌木的结果，使山看起来更高，树木看起来似乎也更为高大。假若半山有突伸的部分，就应有树；用树木的配置来加强突伸的印象。在那凹进的部分，树木的栽植就应向后倾斜，这样给予一个圆滑的流线型来缓冲过于锐突的地形。顺着一个开旷的山谷两旁，要辟处透视线——这是显而易见的处置，所以树木与地形的相互配称亦是园树自然结合上值得重视的一点（图4-10）。

汪菊渊提出的树与树的自然结合、树与景的自然结合、树与地形的自然结合的树木配置原则，与他后来在《扫除园艺工作中的资产阶级科学的毒素》一文中提出的“植物栽种不能脱离具体条件和环境，要做到结合实际因地制宜，在研究花卉植物习性时切不可天马行空”的观点一致，对现代景观中的植物运用和造景手法影响深远。

（二）松柏配置原则

松柏是园地中常见的树种之一（图4-11），汪菊渊认为松柏群树木需

图 4-10　英国威斯利岩石园（苏雪痕 摄）（资料来源：苏雪痕《植物景观规划设计》）

图 4-11　黑龙江森林植物园中的松杉（李文 摄）（资料来源：苏雪痕《植物景观规划设计》）

要区别于通常的观赏树木，但是大体上与通常的观赏树木的配置原则可以相通，并提出松柏群树木虽是另外一类的树，但它们有特殊的性质。松柏群更适宜于森林式的栽植，为了防风或隔离或遮蔽不雅观的部分的配置时，最好是纯一的团植，即松与松团植，或有着突硬叶丛的冷杉与相同的叶形成的列团植。由于松柏群独特的个性，它们是自成一群的，与落叶树群共植一处不十分相宜，或只有在某种限度内可以结合配置。可以想象这样的画面：入秋变红的槭树，如有浓绿的松柏群作为背景时，红叶将更撩人情绪；春天开花的樱花、海棠或羊踯躅在浓绿的树群前，也将格外娇艳。然而这只是将松柏群作为一个背景，两个集团间相互辉映。要是在一个集团中丛植，那么松柏群树木应是主体，其他落叶树木只能是一种陪衬，在色彩上、大小上、地位上作为一个对比的副树，等量的松柏群树木和其他观赏树木的群植就失去了对比的作用。为了两者互相结合的和谐，最好是不同类型的稍微远离，而不是毗邻的二团相连结合。

笼统地说来，冷杉及云杉等都因金字塔形的外观成为同一类型的树木；圆柏和侧柏也有类似的外形，成为又一类型；铁杉和紫杉等至少都有同样的长臂枝条，又是一个类型；低矮的松、矮生的圆柏等也有着像垫坐的蒲团般同一形态的类型，属于同一类型，可以群植形成相同的外围线并由于各个骨干形成悦目的结合，两个或两个以上类型间树木结合就形成显著的对比。

松柏群树冠的色彩，大都是暗绿色。其间也有些微的差别，如松类是灰绿色的，云杉及冷杉是蓝绿色的，冷杉与铁杉的叶背有白色气孔线。这些差别只有在树木十分近的时候才能欣赏鉴别。虽然也有许多深蓝叶的、亮黄色叶的、淡银绿色叶的或紫铜色叶的等各类园艺上的树种，但是要选择适合的地点栽种，因为一经栽定，将终年呈现一个特殊的显明的色彩（图4-12）。

汪菊渊总结，大多数的松类、铁杉或其他树木，是能够或多或少使枝条互相混合，不过由于各个尖锐的外围线和强烈的个性，仍然在整个树群中仅是对立的混合，而不是统一的融合，缺乏外围线的符合一致是配置松柏群树大结合的一个难问题。

（三）灌木配置原则

灌木由于其姿态相对树木来说更加矮小，不比树木高耸，但是正因为其矮小的姿态，灌木与树木的结合才尤为巧妙，形成交相辉映的园景。

图 4-12　青海互助北山的云杉和冷杉（苏雪痕 摄）（资料来源：苏雪痕《植物景观规划设计》）

在灌木的配置原则方面，汪菊渊认为灌木类虽也有与树木同样枝条生长的姿态，但具体而微，它们不像树木般有一主干，而是有着许多的分枝。灌木类的外围线也比较简单，主要的枝条形态是丛立的，或下垂的，或平展的，或向离心弯垂的，在配置灌木类方面应注重的是分枝形态。

汪菊渊根据灌木的形态将其略分为3类：第一类在近地面即有分枝形成密不透风的一团；第二类是近地面处是漏空的；第三类是近乎树木生长姿态的灌木，如丁香、茶花等。他还提出在灌木配置时，适宜将第一类放置前面，后两类放置在后列，若近地面处漏空不高的，可用每年生成宿根花卉群树配置在前面。灌木丛除了在草地中央独立配置外，若与树群或树丛相连时，可将近乎树木姿态的灌木作为连接的一个中间媒介。大多数的灌木类开花期较长，因此对于花色的色彩调和是很重要的。最后，要使观赏树木的配置切当而且尽善尽美，人们必须对整个树群的形态或构成树群的各个树的形态、最大的可能生长的体积、抽叶落叶时间、树冠色彩在冬季的变异，开花时期、花的色彩……这一切关于观赏树木的各种形象做充分的了解；还需要明确栽植方式，观察体验树木所具有的美（图4-13）。自然是人们最好的导师，时时亲近她，观察她，体验她，可以发掘她所具有而自身不知的美。

图 4-13　灌木与树木的配置营造的层次感
（李珏 摄）（资料来源：苏雪痕《植物景观规划设计》）

三、观赏树木的种植

观赏树木在园地中的地位和价值不言而喻，而观赏树木的种植原则和标准影响了园地中观赏植物的生长，从而影响整个园地的美感和质感。在观赏树木的种植方面，汪菊渊提出了对购买的苗木的处理原则，认为不论是就地购买的，还是从远处购买来的苗木，运到后应立即检查。常绿树苗，若运到时已有干旱的情形，就解开放在背风的阴地，即刻洒水。落叶树苗或灌木，倘若一二天内就要栽植的，检查包装的部分如果还保持相当的湿润，就无须解开；倘若要等待数天才栽植的，就需要解开包装，把苗木暂时地贮放在阴湿的地方，根部要有适当的保护，并保持湿润。覆盖水苔或腐殖质使根部不干燥即可以，但最好的办法还是暂时的假植。假植就是开一宽广的浅沟，把苗木放在沟内，盖上泥土，苗木假植时，应成15°的角度斜放在沟内。短期的假植，各捆无须解开；较长时间的假植，就要解捆把各株分植，使每株都能保护良好，得到充分的水湿。

收到苗木后，若检查发现包装不良，苗木有干枯的情形，应即刻设法挽救，把干枯的苗木先浸泡在泥浆中半天后假植，或者需要把全株浸泡在水中两三天后假植。在寒冷地带，苗木的根部已经冰冻，切不可用温水浸泡融化，而要逐渐地解冻，先把苗木的根部浸在近冰点的冷水中，加进冰块或雪使根部逐渐解冻，然后假植在未曾冻结的圃地或冷室内，有时或能把苗木挽救过来。常绿类、松柏类的苗木，若收到时根部已完全干燥，即使浸水，也很少能挽救过来。

(a)

(b)

图 4-14 同组植物的春景与冬景（李珏、包志毅 摄）（资料来源：苏雪痕《植物景观规划设计》）

（一）种植时间原则

不同树种的开枝散叶、开花结果的时间各不相同，所以为了充分展现树木从开枝到散叶的各个阶段的优美，对于树木的种植时间也要考究（图4-14）。汪菊渊提出：当地的气候若夏季来临很早而且干热，如果可能在秋季栽树，以秋植最好。一般说来，秋季的时候，植物的生长已告一段落，移植成功的可能性最大，但往往也看树木的种类，斟酌各地的气候状况而定。松柏类的栽植时期，春植在三四月，秋植在九月下旬到十一月上旬。常绿的阔叶树类在春季栽植较妥当，或在梅雨期间移植，因为那时候空中湿润，枝叶的水分蒸发量减缓，移植或栽植成活的可能性就大。秋植往往不能得到良好的效果。常绿树的秋植要早一些，大概在八九月土壤尚温暖的时候栽植，使在冬季来临前已恢复树势，能够适应新的地点。若在秋天栽植常绿树，必须考虑当地的气候，十月至十一月两个月中不十分干旱，才容易栽活落叶树类，在秋季至春季的落叶休眠期间内任何时候都可移植。但在早春，树木的根部开始活动吸收水分养料和芽开始萌动的时候，栽植最好。假若秋植的话，要早为宜，尤其在冬季比较寒冷的地区，温带树木类也以春季栽植比较安全。凡移栽后若不发生新根即要枯死的一类树木，必须在春天移植。因为在秋天当树液的活动已停顿，生长已告一段落的时候，移植后当然不能发生新根。

但不是所有的树木栽种时间都可以遵循以上原则，汪菊渊认为其他季节内也不是绝对不能移植或栽树的。大多数树木若苗木不十分大，掘取当心，不惊动根部或不使之受损，在当地可以随时移植的落叶树木，直径不超过四寸的，可以在冬季移植，只要根部带有土团，地土未冻。最好选阴天移植或栽植树木，一日之中，以太阳西沉近黄昏的时候移植或栽植最好。

（二）树木掘起原则

树木在移植时需要掘起树木，而在掘起移植的过程中需要尽量地保持树木的活性，对于从远方购买的会历经长时间运输的树木更是如此。因此，汪菊渊认为带土掘起树木，即掘起树木的根部要带有土团的方法比较安全。贵重的树木或一丈五尺以上的大树或常绿树等，必须带土掘起。掘时以树干的基部为中心，以树干直径的3倍或5倍为半径，划一个圆圈，用锄或铲在圆线上直向下掘，切断侧根。待向下掘不再兼有侧根时，就可向中心挖掘直达主根而止。这时主根不可随之切断，要不然树身会倾倒。先把护根的土团用草绳或粗索紧密捆扎，使土块不致崩落（图4-15）。包扎完毕后，才用锯或刀把主根切断围捆，起出全树。倘若遇特别事故或下雪等原因，不能即刻搬运，要用草、土或席子遮盖起来。但不是所有树木都需要带土掘起，落叶小树或灌木类苗木就无须带土。掘起后，把土抖落，裸露出细根也无碍。这样包装运输时可以减轻重量。多株捆在一起，当然根部是要用水苔包扎防护的。

图 4-15　土球起挖（资料来源：郑雅双《福州城市绿化的大树移植及经营策略研究》）

（三）灌木种植原则

灌木的种植是否科学，关乎后续的生长，会直接影响园景，所以灌木在种植前应做基本的检查。汪菊渊提出栽植灌木前，应先检查全株。已折断的或有病虫害的枯死的枝条，固然需要剪除，整个树冠部分有时也需要修剪。因为掘起后移植，根群有相当的损伤，水分的吸收力就降低，为了保持地上部枝叶的水分蒸发量和根部吸水力的平衡，有时需要剪短树冠的1/3甚至1/2，倘若根群发育不良或稀少，地上枝叶部发育繁茂的，更需要重度剪短。这个只有在未种植前，才能检查全株的情形而斟酌修剪的程度。剪枝不但防免植苗后不致从顶部枯萎，而且过密的部分可以适度地修剪使空气流通良好、阳光照射充分，同时使植苗从基部发生厚密的新梢，树姿优美，生长健全。

挖掘用于种植灌木的土坑时需要有所考量。汪菊渊认为栽植树苗的园地应早深耕。种植前，根据苗木的大小掘一个洞穴，植穴的广深程度，要使苗木的根部能够平展，不致盘曲；掘穴宁可较广深，不可过浅，因为广深可以填土，过浅就使植苗的根部浮露在表土层，容易受旱害或使根群的发育不能自由伸展。种植的深度应和原在苗圃培植时的深度相同或稍深，若在坡地种植灌木，不可能预行整地的，植穴应格外的广深，把穴土堆在一旁加以整碎。若加一铲腐熟的厩肥、一点骨粉和一抓草木灰，完全地混合在细松的土壤中，可以使植苗的生长优良。

对于灌木种植时的要点，汪菊渊提出要使土粒填满苗木的根隙间。先把苗木正立在穴中，把细根四散平展，然后填充已经弄细的穴土，同时把树身略为上下地提动，就能使土粒落填在根隙间，然后再用叉或棒或农具柄，把土塞满根部的空隙间。穴土未完全填满前，用脚把土踩紧，使根部和土粒紧密接合，树身稳固。倘若种植时需要即刻浇水的，不必把穴土填满，留有凹穴，使水能够积贮，不致外溢。待水充分渗透下去后，把树身扶正，再填满穴土。这时不能把面土踩紧，因为细松的面土正是一个保护层，阻断了土壤中水分因毛细管作用上升到土面蒸发。通常在晚春植树的，天气已开始暖热，日后难得有雨水，需要植后即刻进行浇水。

最后，汪菊渊特别强调：我们必须牢记，树苗经掘起、包装、运输，直到种植的前期，曾经使根部受损伤或暴露。因此在可能范围下，必须不使根部再受干旱，在植穴未掘好，不随即种植前，切勿过早把苗从假植沟内掘起。到时掘起后也仍要用水苔或湿潮的麻袋把根部盖好。另外一个很好的处置方法就是在种植前，先把苗木的根部浸在特设的泥浆穴中，使根部不致暴露，而且与栽植后浇水有同样的功用。若当地的土埂浇水后容易干成硬块的，不能栽后即浇水的更须用泥浆浸根法。但应注意的是在苗木未种植到植穴前，切不可使附在根部的泥浆干燥。

对于灌木种植的标准，汪菊渊的描述已经极为详尽。从种植前的检查，到土坑的挖掘，再到最后的种植，他提出了具体的指导性理论。这些理论也为后续实际的种植工作带来极大的帮助。

（四）树木种植原则

作为园地的主角之一，树木的生长是否繁盛会直接影响园景。对于树木的种植，汪菊渊认为其原则大致同灌木一致，但也有5个方面应特别注意：

（1）植树前的剪枝，除了把有病虫害的枯死的枝条剪去外，整个树冠也要加以修剪。一般荫道树木的树冠高度须离地十尺左右，若植苗尚不十分高大，可先把在七尺以下的蘖枝剪去。树冠部修枝的要点是使向上导引的主枝与主要的侧枝保持距离的而不是紧靠的角度，所有内向的和不必要的小枝都要剪短到近侧枝上的地位，所有切口都要平滑，根部修剪的切口成斜面，向着穴底的斜面。花木类除了剪去枯枝和不必要的小枝外无须修剪。

（2）掘穴不但要比平展的根群更宽，也要更深。在种下树前，植穴的底部应先有相当深度的松碎的土层。掘穴时，表土和底土应分别堆放两旁。若需施肥的，不论施用的是堆肥或化肥，都得混合在穴底的土层部分，就是不使肥料同根部直接地接触。

（3）假若底土十分黏重坚硬，应加深挖松。通常在这种情形下有人认为仍照普通的植穴的深度挖掘，但不用原土而换良好的土壤，就可使树木的生长良好。实际的结果往往不是这样的。换土后在树根部分的土壤固然轻松，水分很容易渗透，但因为周围都是硬土，水就无法排泄，全积留在根际穴土部分，反使树木被淹死。因此，遇到底土坚硬黏重的应该特别加宽加深地掘穴，使根部外四周的底土松碎，可以排水，若栽植地已有排水的设施，那么换上轻松的壤土，就能有良好的效果。

（4）种树时，先把树苗放在植穴的正中，根部四散平展，然后按线填入穴旁的表土，把树身上下提动使土粒下沉，同时用棒把土插入根际。待根部已完全为表土盖没后，再用脚踩紧，然后把剩余的底土填上。填土不必与地面相平，要略凹使浇水能够积留不致外溢。种树的深度应比在苗圃原来的深度深植约深二寸。

（5）常绿树大都喜好优良的壤土，黏土或砂质土壤都不适宜。若园地的土壤属于后两者，应换入良好的壤土，地力较差的可略施腐熟的牛粪。土壤若已相当肥沃就无须施用肥料，植穴应比树苗所带的土团掘深约一尺，至少宽三四倍，穴底先填入已松碎的土壤，直到把树苗放下适合所需栽植的深度，植后浇水，盖上一层松碎的土埂防止水分很快蒸发或在土面铺上一层腐熟的廐肥，可得到同样的效果。

《怎样配置和种植观赏树木》一书系统地描述了树木的配置和种植原则，对园林树木的栽种有指导作用。2021年出版的《吞山怀谷》（汪菊渊著）一书进一步描述了以树木和环境为本的造景手法，对园林的艺术加工有指导作用。

在中国园林事业百废待兴的时候，汪菊渊等中国园林事业的第一批从业者、开拓者身先士卒，逐渐填满了行业空白，完善了中国园林专业的知识体系，指导其他从业者造园、造景。《植物的篱垣》与《怎样配置和种植观赏树木》是汪菊渊所著的关于园林专业的系统知识的两本论著，这两篇论著所含的都是园林专业的基础知识，无论哪行哪业，作为基石的行业标准就是各行各业的灵魂。汪菊渊的这两本论著和其他论著所体现的思想对于园林事业的探索与巩固有着深远的影响，至今仍然继续影响着每一位风景园林人。现在，园林事业的学习者和从业者接过了汪菊渊的大旗，进一步探索园林事业的发展，为园林事业带来新生力量！

参考文献

汪菊渊. 植物的篱垣[M]. 上海: 上海园艺事业改进协会, 1947.

汪菊渊. 怎样配置和种植观赏树木[M]. 上海: 上海园艺事业改进协会, 1947.

第五章

绿化探索，领队护航

图 5-1　汪菊渊工作照片
（汪原平 供图）

汪菊渊一生致力于园林学科的建设，极为重视专业理论研究与实践相结合，并将其运用于我国城市绿化的建设。他对于风景园林行业发展的贡献，有以下3个方面：一是曾担任过国家政府部门的高级官员和决策顾问，以及北京市农林水利局局长，北京市园林局局长、总工程师和技术顾问等职务，参加并主持城市园林绿化10年研究规划。此外，还担任北京林学院城市及居民区绿化系（后称园林系）副主任、教授，之后担任北京林业大学园林系兼职教授和硕士研究生导师。二是担任中国建筑学会园林学会副理事长，力争成立园林学科的一级学会。后经上级批准，成立了中国风景园林学会并被推选为副理事长。三是对于专业理论的关注，撰写了210余万字著作《中国古代园林史》，担任我国第一部大型综合性百科全书《中国大百科全书》中《建筑·园林·城市规划》一书的园林学科编写组的主编，创立专业期刊《古建园林技术》《中国园林》等，对我国园林学学科理论的创立和发展作出了重要的贡献，最突出的是为园林学在科学领域确立了地位。他一直十分关注我国风景园林绿化事业的发展，对自然文化遗产资源的保护管理，对园林绿化的功能、效益及其经济建设、环境建设方面的作用和地位等进行了深入探讨和研究，为国家的风景园林建设事业作出了重大贡献。

第一节

城市绿化的基本问题

一、运用城市绿化减轻公害

关于城市绿化的基本问题，汪菊渊主要在居住区绿化以及以首都为例，对城市绿化有所论述。1980年，他阐述了城市绿化的3个问题，并提出具体建议。汪菊渊论述了城市居住区的绿化的主要任务是要保护环境、改进环境质量，同时为居民特别是老年人和儿童提供清洁、美丽、安全的游憩场所。关于运用城市绿化减轻公害的方法，他列举了3点。

第一点为不受烟尘和有害气体的污染。为解决好这个问题，应先从城市规划的合理布局做起，从工业合理布局着手。居住区的选址，如果临近工厂区，若不从有关烟尘、有害气体的扩散等因素进行综合分析研究，以及风调模拟试验或扩散方程式的理论计算，就难以合理布局以保证有良好的环境质量。

卫生防护带的设置方法如下：如果居住区离污染源工厂在规定距离以外，是在烟尘密集降落或超过卫生标准的污染区以外，那么只要设卫生隔离带即可，这个隔离带可由防风、防尘的树种构成，宽度一般为50m，隔离带里也可种植花木，铺设草坪，甚至布置步道座椅和花坛等设施，供居民使用（图5-2）。另一种情况是，由于乱建工厂，使居住区在烟尘密集降落区范围内，污染严重超过允许的卫生标准，仅靠绿化是无从减轻的。

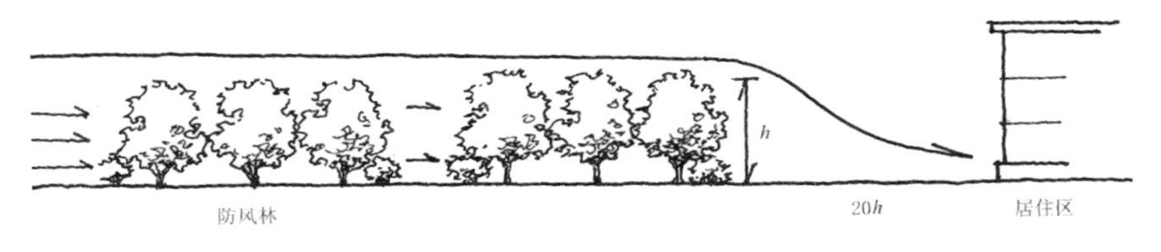

图 5-2　防风林与居住区的关系（资料来源：杨赉丽《城市园林绿地规划》第 5 版）

解决办法一个是让工厂搬家；另一个是改革生产工艺，搞好综合利用，尽量减少或不产生污染物质。要避免这种被动局面，就不能不慎之于先，充分利用环境科学的每项新成就，加强城市规划管理。

第二点为使居住区的空气保持清洁、新鲜。解决居住区缺氧和二氧化碳量增加的问题，最好的措施是加强居住区的绿化，使绿化面积达到总用地面积的20%~60%，低层建筑区不少于50%，高层建筑区不少于30%。居住区的面貌，很大程度上取决于绿地的分布和质量。布置绿化，要根据生活活动来合理布局。绿地要结合防护功能，配置花木、灌木丛和草坪，尽可能不露泥土。

第三点为吸收废气，减弱噪声。城市噪声的主要来源是交通运输工具。为了减轻噪声，不宜临街建筑住宅，即使是一般交通道，也应该有一定宽度的防护绿带。从植物的配置来说，总的叶面越大、树冠越高，吸音能力越强。据测定，树丛的减噪能力比一定间距的单行树为高，灌木丛的减噪效果更好，如果树带达一定宽度，中心树高度在14m以上，并配置灌木丛以及草地，效果最佳（图5-3）。

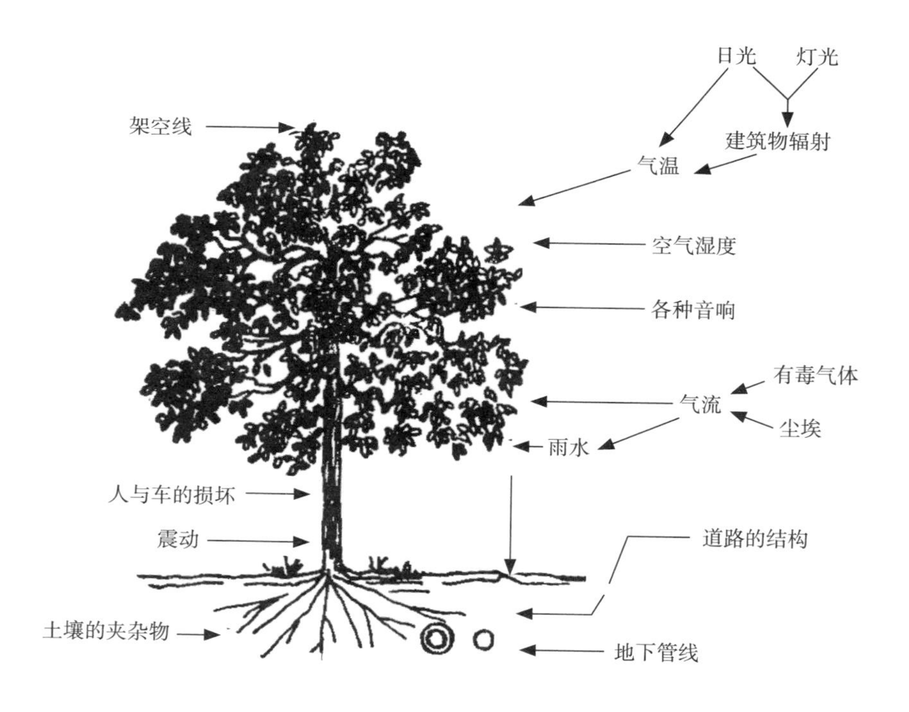

图 5-3　行道树生长环境示意图（资料来源：杨赉丽《城市园林绿地规划》第 5 版）

针对这些问题，汪菊渊提出了两点具体建议：

（1）在郊区乡村地区，为减弱高速汽车所产生的噪声，有效防护带为宽20~30m的树木灌木带，它的边缘离车行道中心线16~20m，树带的中心高度至少14m。

（2）在市区减弱中速行车所产生的噪声，可用宽6~16m的树木灌木带，它的边缘离车行道中心线5~16m。在车行道外侧，可布置高2~2.5m的灌木丛，接着后行是高4.5~10m的树木。

最后，汪菊渊指出，如果俯视居住区的绿化规划，那么它将是在一片绿海之中，而不是现在那样一片房海中插入一些树木。它将使空气新鲜，噪声被衰减，从而成为既清洁又美丽的生活境域；一旦发生地震，还可成为疏散居民的通道和防止火灾蔓延的隔离带。

二、绿化美化首都的问题

1982年，汪菊渊发表了《绿化美化首都的几个基本问题》，在城市绿化方面阐述了关于绿化美化首都的几个问题，以及建成全国环境最清洁、最卫生、最优美的第一流城市的目标。文中分析评价了首都的城市环境和环境质量，针对如何绿化减轻污染和改善气候，汪菊渊从风沙的危害与绿化，烟尘、二氧化硫污染与防护绿地，氧气、二氧化碳的平衡与绿化，吸收废气、减轻嗓音与街道绿化，绿化与城市气候的改善5个方面分析，并就三个指标和绿化系统规划、心脏绿地的保护与改建、旧城区（北京二环以内的地区）缘地的均匀分布、郊区风景名胜游览地4点分析如何构建一幅绿化美化首都的蓝图。

汪菊渊提出，要贯彻实现把北京变成全国环境最清洁、最卫生、最优美的第一流城市，在世界上也是比较好的城市这项目标，并针对有关绿化、美化首都的几个基本问题，提出个人见解。

首先，汪菊渊谈及城市美的标准。城市，首先要拥有适宜于人的居住和身心健康的环境。一个城市美不美，要看它能不能充分运用山水、森林、田野等自然条件，使建筑与自然环境相协调，并突出自然景色的美。一个城市的个性，还取决于城市的体形结构和社会特征。因此，一切有历史、科学、艺术价值的，能说明社会和民族特性的文物、古建筑、历史园林，不仅要保存和保护好，而且要组织到城市规划中，在重新使用上与城市建设结合起来，使城市具有文化特色。

其次，他对首都的城市环境及其质量做了一番分析和评价。总的形势特点为：北京市位于华北大平原的西北端，环绕北部西部边界的是半圆形山地（占全市总面积的62%）。北京平原是由许多大大小小的扇形地和洪积、淤积平原联结而成的。塑造它们的河流有拒马河、大石河、永定河、温榆河、潮白河等。

北京是历史上的著名古都，有其独特的规划（图5-4）。格局严正，具有纵贯全城明显的中轴线，整齐对称、功能明确的街道系统，丰富变化、起伏有致的建筑群。南北中轴线从永定门经正阳门、承天门（天安门）、午门、故宫、宣武门（神武门）、景山直到钟楼、鼓楼。承天门前开辟了一个T形广场，与故宫连在一起。故宫西北有水自颐和园（图5-5、图5-6）经长河入城，汇为积水潭、什刹海，再经北海、中海、南海，串联成狭长而曲折的大水面，两岸又有苑囿交相辉映，构成优美景色。旧城区还有王府和花园、达官宅园、寺庙建筑等星罗棋布。这些宫殿、苑囿、

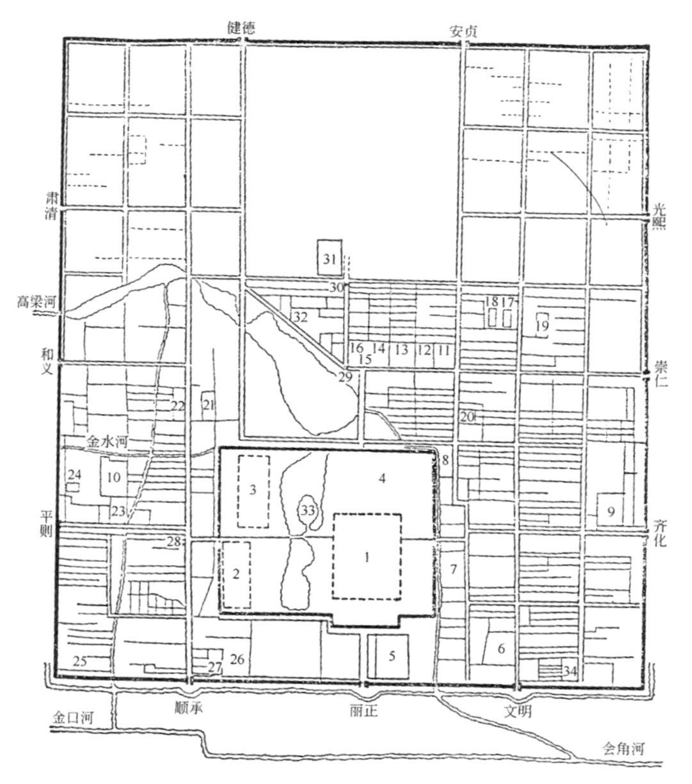

图 5-4　北京城的前身——元大都复原想象图（资料来源：汪菊渊《中国古代园林史》）

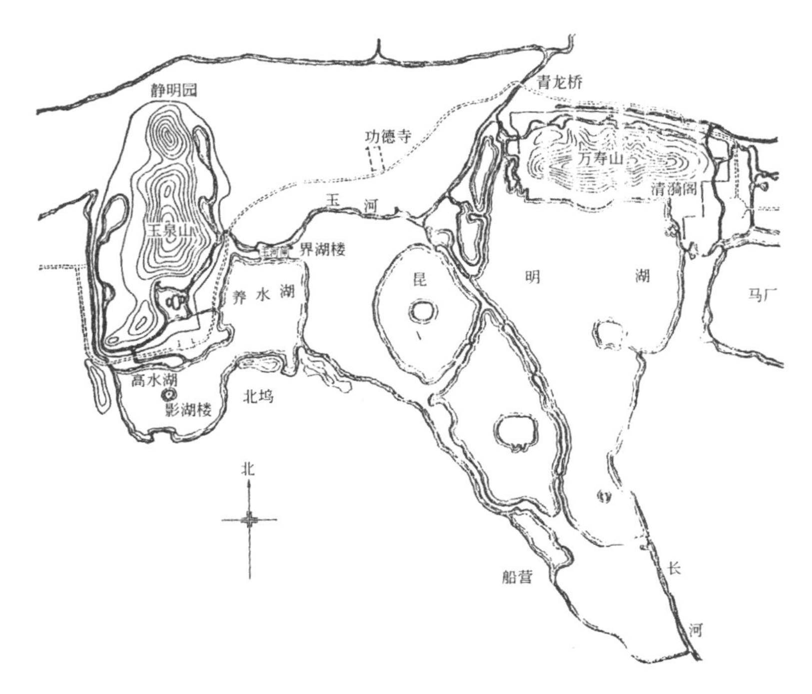

图 5-5　北京玉泉山静明园附近水道湖泊分布图（资料来源：汪菊渊《中国古代园林史》）

图 5-6　北京颐和园（黄晓 供图）

王府、宅园、寺庙等的设计和建造都具有较高的艺术水平，为首都增添了光辉。

在环境污染严重性方面，汪菊渊指出城市修建的重要性。城市的修建，必然对自然生态环境有所改变，使生态系统失去平衡。这种改变还影响气候，造成特殊的城市气候。如果在城市建设过程中，不按照规划，乱用土地，任意排放“三废”，就会严重污染环境，使公害泛滥，危害居民的健康，威胁他们的生存。

粉尘污染、城区内工厂林立、机动车废气污染、人工地下水过量、水位大幅度下降、水质变坏等种种因素造成首都的城市环境十分恶劣，亟待解决。汪菊渊指出，对于公害的防治，我们认为主要看城市政策和城市建设的方针、方向是否正确。要防治污染，首先是保护并合理利用自然资源，有合理的土地利用规划，对有破坏环境的产业设施、立地和建设，要从土地利用上加以有效控制，防患于未然。其次，对已建的有污染源的企业、设施，要从根本上采取防治污染的科技措施，执行环境保护法令。与此同时，要充分运用绿化手段来减轻或解除一定的污染。

针对如何绿化减轻污染和改善气候，汪菊渊提出以下5点：

（1）针对风沙的危害与绿化，他指出，北京的风沙严重，主要由于荒山、荒地、荒滩多，郊区冬季裸露农田多，城区裸露地面也多，约有650多万亩[1]宜林地荒山须尽快造林绿化。高山、中山的造林主要是水源涵养林和水土保持林（如固沟林、水流调节林等），还可结合营造用材林、薪炭林。低山、丘陵地带可发展经济林，尤其是干果林和果园。要解决北京的风沙危害，除对干燥大风气候无能为力外，荒山的危害可以通过绿化造林、治山、治水并举来克服。但最重要的，往往为人们所忽视的是沙丘、沙荒地和砾质土地区，要有专责机构，按照规划设计营造固沙林和防护林，恢复植被；农业地区要设置农田防护林网。至于市区的裸露地面，要种草或地被植物，建筑工地的沙石灰堆必须盖好，违者处罚。只有这样从山区、荒滩到城市全面规划、综合治理，有计划地分期分批去完成，风沙问题才能得到解决。

（2）对于烟尘、二氧化硫污染与防护绿地，他提到当时北京的能源以燃煤为主，年消耗约1500万t。燃煤产生了烟尘和二氧化硫，只有在烟尘密集降落地区设置净化林带，才能起到降尘吸附作用。对于无组织地（不

1　1亩≈667m^2。

经烟囱）排出污物和有害气体，即沿地面弥漫的，设置净化林带必须从车间外开始，否则过滤作用就不能充分形成。设置净化林带，隔一定距离又有一道防护带，层层设防，才能起净化作用。根据防治公害对策设置防护带，画上绿线，不等于马上就拆房，可以有计划地分期分批搬迁改造成绿带。要以居民的身心健康为主要着眼点。

（3）在氧气、二氧化碳的平衡与绿化方面，他认为解决这个问题的最有效措施是加强城市绿化，使绿地率达到30%。1961年，德国人在柏林中心伯雅公园里，在有草坪和乔灌木的地段，用较精密的测试手段来测定，结果表明：每公顷公园绿地在白天12h里，吸收二氧化碳900kg，放出氧气600kg。经计算后，每位居民有30~40m^{2}的公园绿地，就可达到二氧化碳与氧气的平衡。因此，包括单位环境绿地在内的绿地总面积，除以市区人口，每个人能有30~40m^2，就可达到目的。或者用绿地率计算，如不小于30%，就可保持空气新鲜。为了居民身心健康，不但要求空气新鲜，还要求空气洁净即含菌量低。据国内外资料，空气中含菌量以公共场所最高，道路次之，公园绿地最低。据中国林业科学研究院环境保护研究室花晓梅的调查研究，王府井大街与中山公园都处于市中心区，人流情况也近似，但王府井空气含菌量要比中山公园高7倍。其原因一方面是绿地能促使降尘并滞留灰尘。尘埃常以细菌为凝结的核心，减少了含尘量也就减少了含菌量。另一方面是有些树木能分泌杀菌素，具有杀菌作用。据测定，油松林带上空含菌量最低（设定为1），其次是白皮松（1）、白蜡树（1）、核桃（2）、臭椿（3）、杨树（4），毛白杨最高（11）。在城市绿化中要选择杀菌作用好的树种进行配置。

（4）吸收废气、减轻噪声与街道绿化。污染城市空气的一氧化碳、碳氢化合物、氮氧化物，主要来源于燃烧石油的运输工具所排出的废气。改进燃料和燃烧方法，是减轻废气污染的重要措施。城市的噪声主要有工业噪声、交通噪声、广播噪声、建筑施工噪声等。由于城区工厂林立，噪声、震动声扰民尤甚。解决办法是逐步迁出。至于交通噪声的减轻，加强机动车刹车的检修、发动机装消声器、限制高音喇叭等，都是必要的措施。

既然交通运输工具是要行驶在街道上的，而街道绿地起到吸收废气、减弱噪声的作用，那么它就成为绿化系统中很重要的组成部分。因此，建议街道树的种植，不要采取留方穴的方式，而应改为植树带的方式，街道交叉口的四角更应留有小绿地。

街道绿化减轻噪声的效果与树种选择、绿带结构、配置方式的关系密切。从绿带结构配置方式来说，乔木与灌木相结合、中间行为高大乔木而且具有一定宽度的绿带，减弱噪声效果较显著。而单行街道树，株距较大，不能形成较厚密的遮隔体，其减噪效果不显著。其中，对于绿带设置（图5-7~图5-10），汪菊渊分类指出：如果是主干道，两侧要有宽8~16m的街道绿带，布置方式是两边为植篱，中央为高大乔木，外行有较密的树丛、灌木丛，地面铺草；如果是三块板或一块板干道，两侧要有宽6~12m的街道绿带。为了保证街道绿带不致落空，规划图上要划上绿线，或计算在街道红线内，或规定不得临红线建筑而要后退，留出规定宽度的绿带位置，两者必居其一。对街道绿带宽度，并不要求从始至终“一刀切”，而是可以有凹有凸。至于轴线上主干道如长安街、永定门至前门大街，绿带宽度不应小于20m。居住区临街一面的绿带也应较宽，以便于居民（尤其老幼）日常就近休息或纳凉。

（5）绿化与城市气候的改善。他认为要改善城市气候，必须有充足的绿地，尤其是市中心区。由于植物本身的特性，绿地可起降温作用。

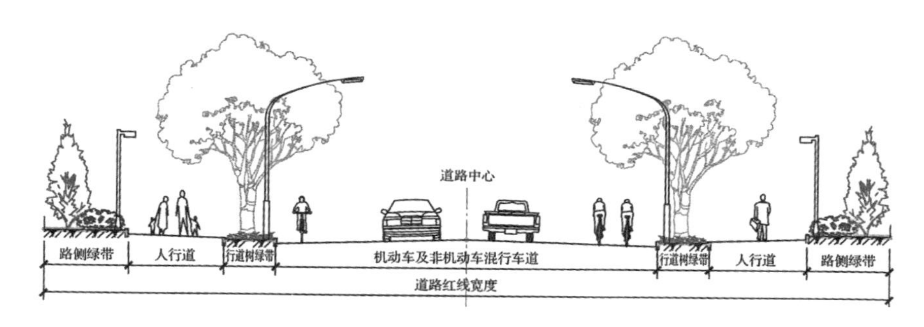

图 5-7　一板两带式道路绿化（资料来源：杨赉丽《城市园林绿地规划》第 5 版）

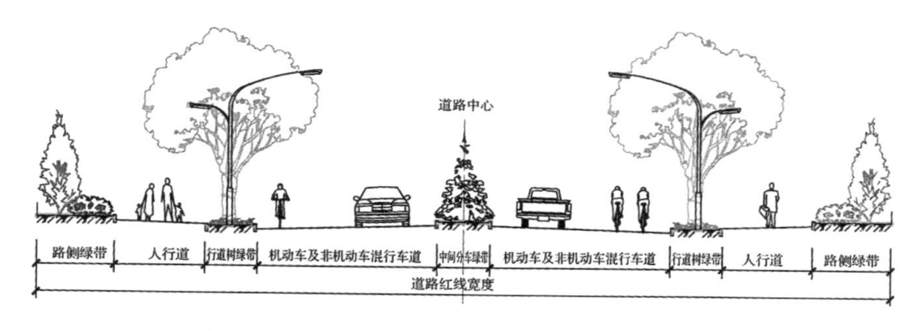

图 5-8　两板三带式道路绿化（资料来源：杨赉丽《城市园林绿地规划》第 5 版）

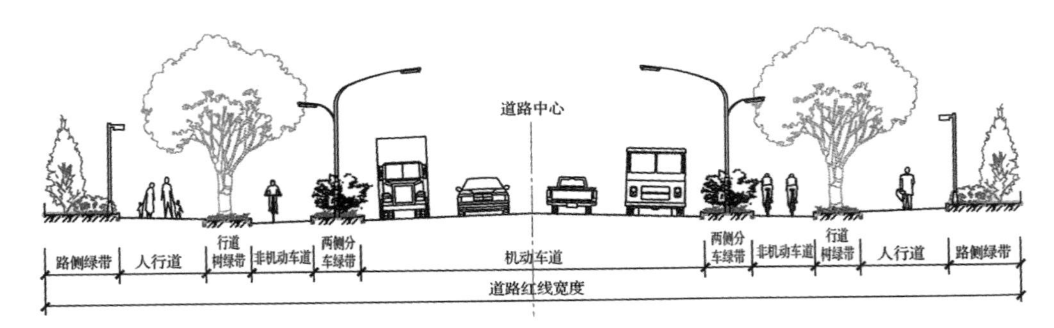

图 5-9 三板四带式道路绿化（资料来源：杨赉丽《城市园林绿地规划》第 5 版）

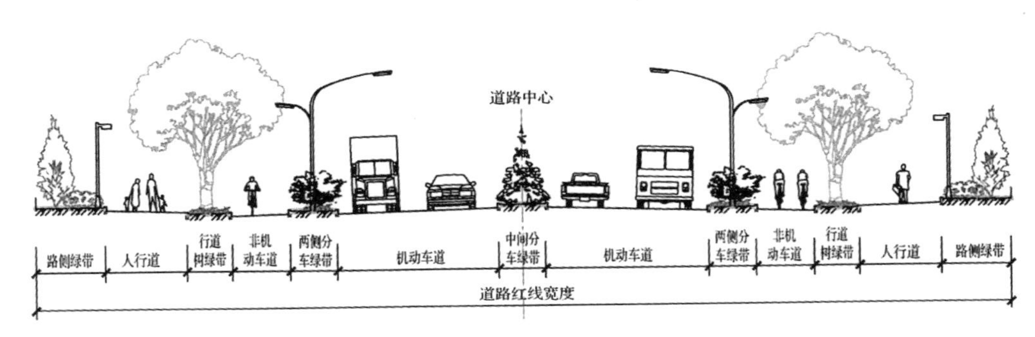

图 5-10 四板五带式道路绿化（资料来源：杨赉丽《城市园林绿地规划》第 5 版）

其降温效率随绿地面积大小、植物的构成等情况而不同。一般来说，绿地与非绿化地区比较，夏季较凉爽，冬季较温暖。因为夏季，照射到植物上的日光60%~80%被吸收，辐射能的绝大部分（90%）被叶子吸收转化为热能。植物体吸收了大量的热，在其庇荫下的气温比裸露地的气温要低3~5℃。地被植物的覆被也改变了地面热的状况。冬季，因树干枝叶吸收的日光热量缓慢地散热，因此绿地要比非绿化地区高0.5~1℃。树群、树丛、树带，能限制寒风的侵袭，在其保护范围内冬季气温就相对地提高。

城区与郊区相比，空气相对湿度差可达25%，原因之一是城市降水大部分流入排水系统，只有很少部分得以蒸发；而在农村或绿地，降水渗透至地下，大量水分由于植物的蒸腾而回到大气中。城市里绿地与非绿化区相比，相对湿度差可达10%~20%。同样原因，沥青铺装面上空相对湿度为37%，而草地上空为50%，后者高出13%。

三、绿化美化首都的设想

针对如何构建一幅绿化美化首都的蓝图，汪菊渊提出以下4点设想：

一是三个指标和绿化系统规划。要维护和改善城市生态环境及其质量，必须充分绿化城市，使城市绿地率，即城市绿地总面积占城市总用地面积的比例不低于30%。

在城市绿地总面积中，公园绿地不可能占很大比例，目前占1/3；主要是单位环境绿地，目前占2/3。

至于每位居民占有公园绿地定额，要根据居民的政治文化生活、健身、文娱、游览、休息生活的需要来计算。北京市每位居民占有公园绿地面积3.90m^2，规划要求提高到10m^2，规划新建公园绿地2000多hm^2。有许多困难需要解决，尤其是土地法，征用土地和搬迁等实施办法、条例以及投资问题等。

人们日益认识到，城市绿化是维护和改善生态环境的基础，同时又是美化环境的重要手段。绿地和园林必须有机地组合到整个城市中，并自身构成一个完整的系统。我们认为城市绿地系统规划必须是从全局上、战略上，为了维护和改善城市生态环境及其质量，为了方便和改善人民的文化游憩生活，为了充分体现城市的优美面貌而进行的总布局。这个总布局只有能综合地解决上述3个目的，才是一个完整的绿地系统规划。

二是心脏绿地的保护与改建。这里说的心脏地区就是《首都城市建设总体规划方案》附件中提到的旧城中心区，东界以正义路、东皇城根、交道口南大街到安定门大街，西界以北新华街、府右街、西皇城根到新街口南北大街，南至前三门大街，北至北三环路，面积为13km^2。

从西北角的水面说起，积水潭、什刹海、后海，称为“后三海”的湖岸陆地分布有不少古建筑、历史园林，如恭王府（图5-11）、庆王府、摄政王府、祠堂、寺庙、李广桥等，其周围可增辟绿地并连接起来成为大块绿地。至于“前三海”的北海，其东界要扩大绿地，把大高玄殿包括进来，与景山连成一片，其两岸也应扩大，把北京图书馆、养蜂夹道一部分都包括进来。否则北海仍然是半壁湖山，难以回游。中海、南海也要逐步开放，这样把前三海也连接成大块绿地。

要使心脏绿地真正成为绿色水库和新鲜空气库，建议把人民大会堂西边的街坊划出半壁作为公共绿地，既为了增加心脏绿地面积，也为了让南海的水在地下越过西长安街后出至地面，以溪湖串联形式流经该绿地到前

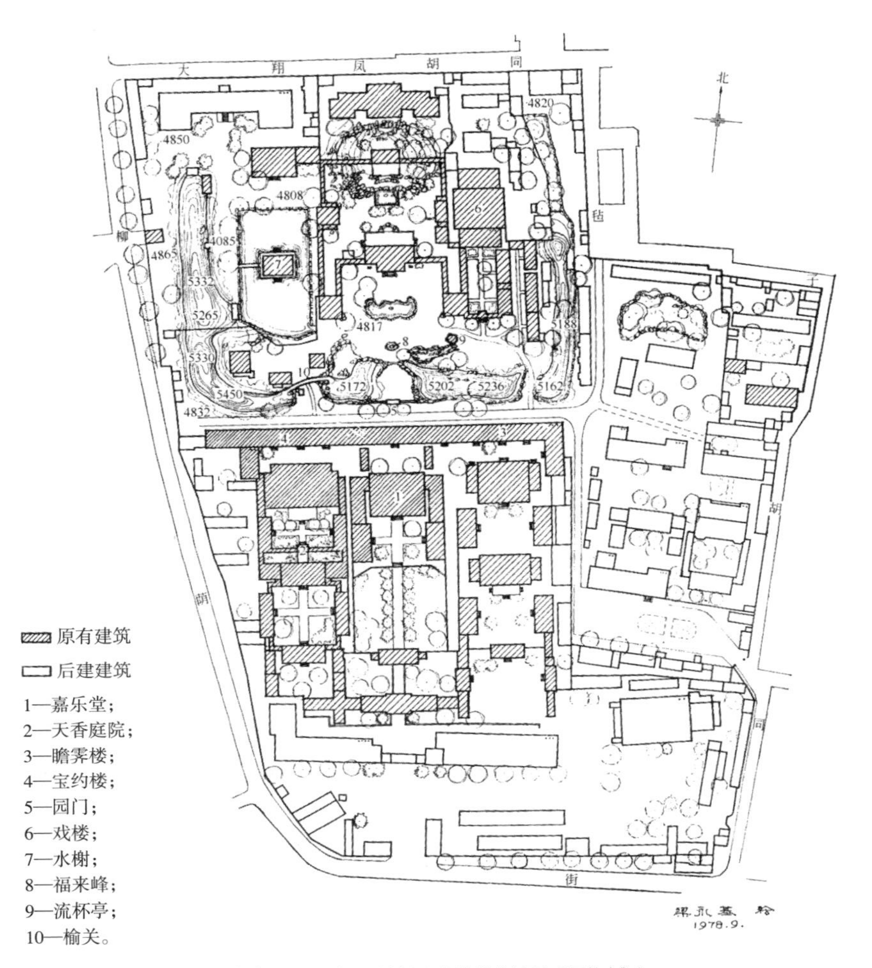

图 5-11　恭王府府邸及其花园平面图（资料来源：汪菊渊《中国古代园林史》）

门。在前门大街改建时，可在街中心辟一水渠，或街两侧各辟一水渠，让清水流到永定门入外护城河。相应地把历史博物馆东边的街坊也规划为公共绿地，就能与正义路的花园路相连。人民大会堂西边和历史博物馆东边辟为边公共绿地，但不是公园绿地，仍可布置公共建筑，是掩映在秀丽园林中的建筑群。

南北中轴线上天安门广场（图5-12），包括人民英雄纪念碑和毛主席纪念堂，是政治性、群众性的全市中心广场。由于铺装面过大，辐射热强烈，尤其是夏季，影响心脏地区小气候。这里与正义路的气温差可达

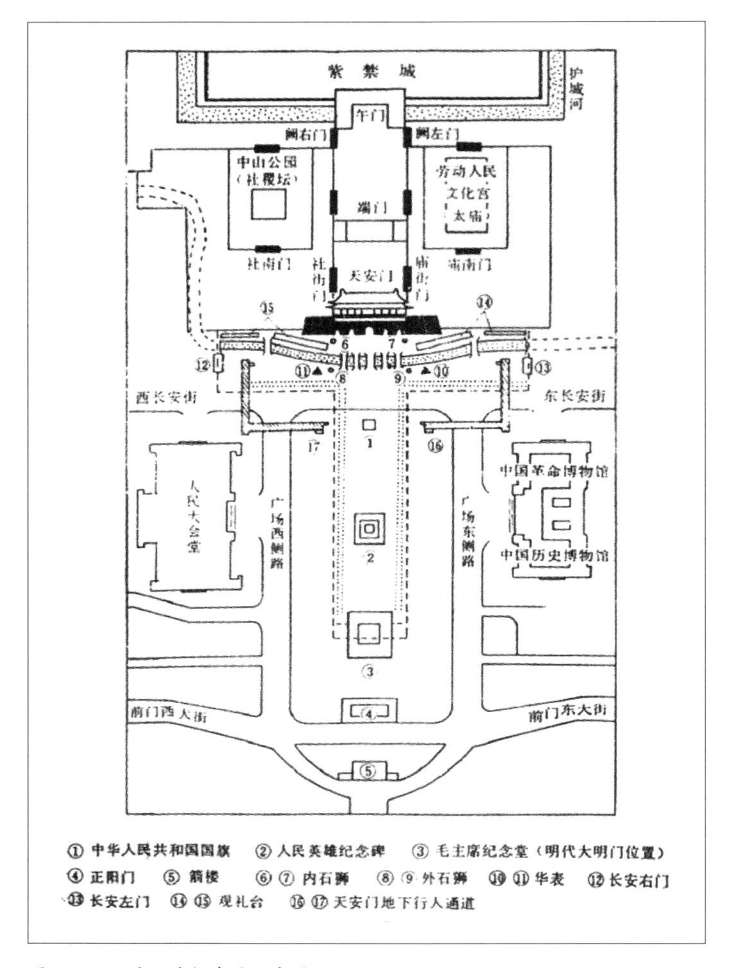

图 5-12 天安门广场布局示意图（资料来源：沙敏《档案见证天安门广场变迁》）

5~7℃。汪菊渊建议缩小铺装面，扩大绿地面，不仅为了改善小气候，也为了便于游憩。天安门是全国和世界人民所向往的地方。这里应当是肃穆庄严的，然而又是亲切近人的。汪菊渊建议观礼台要改为绿地，要亮出国徽上天安门全貌。这里的绿化要能衬托天安门城楼，使之更加雄伟壮丽。

南北中轴线上中心建筑群是故宫，其内部包括的绿地必须整理，有乱建的应拆除。故宫东西两边和筒子河河岸都布满了住宅、单位和工厂，除有特殊价值的应保存以外，其他建筑必须逐步拆迁，恢复绿地。轴线北端的钟楼、鼓楼周围要增辟绿地，予以保护。

与南北中轴线相交的东西横轴线就是宽敞的长安街，两旁是大型公共建筑和政府办公大楼（院）。这样的主干道两旁绿化带至少宽20~30m。另两条东西主干道即前三门大街和文津街。前三门大街的街北必须留出宽20~30m的绿带。文津街（东自美术馆，西至丁字街）路线有曲折，两侧绿地可以结合故宫、景山、北海和增添文物建筑而形成一条富有传统特色的文化大街，不要作为交通要道。

根据旧城区中心的保护与改建附件中的规划，公共绿地率可达24%，如果增加上述两个大型、中型公共绿地和绿带，连同单位绿地总计绿地率可达50%。

为了保护心脏地区和旧城区，汪菊渊建议二环路绿化也要有宽20~30m的绿带，连接南北护城河西岸和清河绿带，形成大绿环，将对改善市区气候起到积极作用。为使新的气团进入市区，建议由市区到郊区主干道，如东直门至首都机场，西便门至永定河引水渠，西直门至颐和园的长河滨河地带，京密引水渠南段，右安门至卢沟桥，水月河德清路至清河高压线走廊，穿过城区的铁路、公路等，每侧都应有至少宽20~30m的绿带。

如果全市的主干道和干道、铁路、公路、河岸都能有规定宽度的绿带，不仅使城市建筑沉浸在绿海之中而且美化市区，更重要的是起到滞留烟尘、净化空气、改善小气候、吸收废气和减轻噪声等防护作用。

三是旧城区绿地的均匀分布。园林不同于文物，不一定非完整不可。有不少宅园，虽然仅残存小部分叠石、假山或亭阁廊榭，但只要有价值的应保存，规划为小绿地。对保存较好、使用较合理的应给予表扬，仍由占用单位负责保护。对于半拆、半毁尚有残存需加以保护的，应与占用单位签订协议，残存部分要加以保护，不再继续破坏。对于有可能收回整修开放的，如占用恭王府花园、可园、乐家花园的单位要限期迁出，在未迁出前仍须由占用单位负起保护责任。

根据规划，旧城区的人口要逐步压缩，向近郊区迁移。总体规划上利用窑坑、洼地、砂子坑等改造为公园绿地，要有计划地分期开辟建设起来。

四是郊区风景名胜游览地。北京西北郊区历来是有山有水自然的风景胜地，尤其是清代，名园林立，但大部分已毁或仅存遗址。如以紫竹院为起点，把长河清淤疏浚，为两岸开辟断续的范围绿地直至颐和园；往西与玉泉山静明园连成一片，往东以绿带连接到圆明园遗址，仍不失为优美的

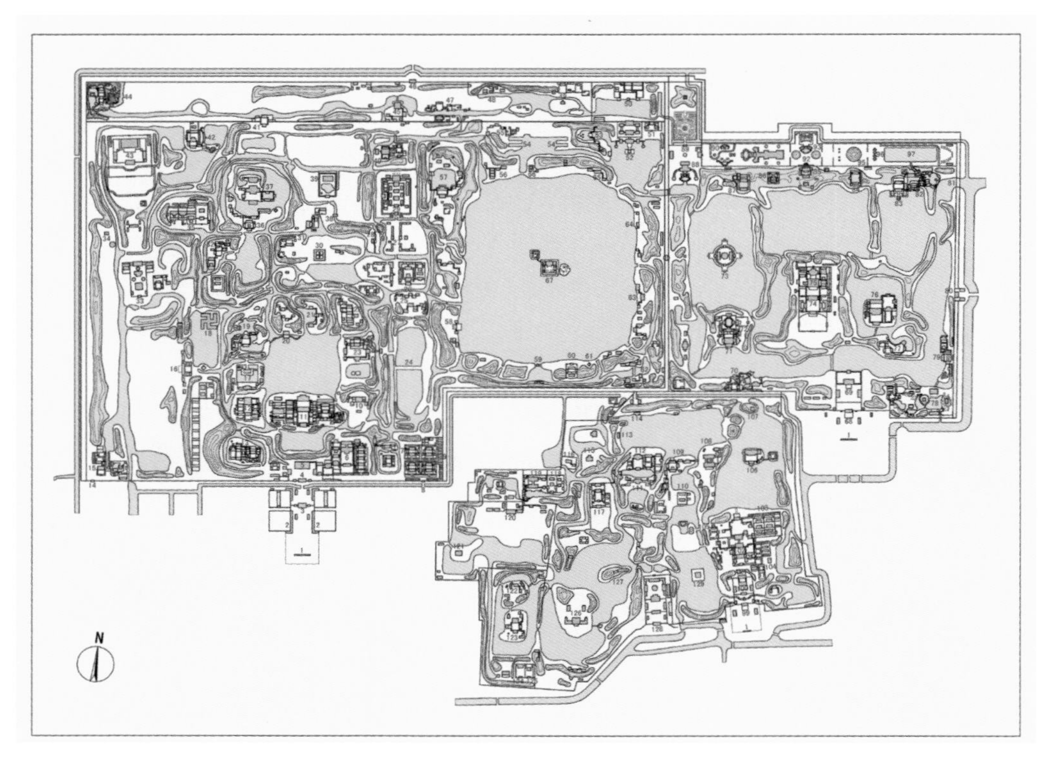

图 5-13　清乾隆时期的圆明园三园（贾珺 供图）

公园组群。颐和园的后山、西侧要整修，静明园要整理开放，圆明园遗址（图5-13）要整理和部分恢复。从玉渊潭到颐和园的京密引水渠市区段，两岸绿带内可断续建曲廊园亭、茅舍别屋、花木扶疏、芳草如茵的小园林，水渠通航，辟水路游览线直达昆明湖，足可媲美扬州瘦西湖。

紧靠这个公园组群西北的小西山，辽金时期以来就是以自然风光著称的游览胜地。经明清两代，尤其清康熙、乾隆时期的建置，在山林叠嶂中寺庙苑囿的经营日盛，逐渐成为风景名胜区，可以香山静宜园联结碧云寺、卧佛寺、北京植物园（现国家植物园）为核心，往西有松堂、旭华之阁、团城演武厅，南联八大处、法海寺、冰川擦痕，北联黑龙潭、大觉寺、鹫峰直上妙峰山，成为环带。虽然当时在该区域内有军事单位，禁地太多，不能连成大块绿地，对于开展旅游受到一定的限制，但是仍可成为不相连接而在一个区域内的，由多个独立风景区组成的小西山风景名胜环带。这个风景名胜环带，离城区约20km，位置适宜，交通方便，可以进行规划和建设，开展旅游事业。

到了最外圈，即环围着东北、北部和西部的半圆形山区里，更有着丰富的风景资源和文物古迹，可以逐步开发建设以发展旅游业。当时已建设的有昌平、延庆的居庸关、八达岭长城、明长陵与定陵，门头沟的潭柘寺、戒台寺，房山的上方山、云水洞等。当时可开发的，门头沟有灵山、百花山、龙门峡谷等，房山有石佛洞、十渡等，延庆有松山、温泉，昌平有沟沟崖，怀柔有水库、仁憬山、慕田峪长城、喇叭沟和帽儿山等，以及怀柔、密云交界的云蒙山，密云的水库、司马台长城等，平谷的四座楼、黄松峪等，真是不胜枚举，几代人也开发不尽。

第二节

城市绿化与园林建设

一、发展阶段

汪菊渊在《中国园林》1992年第1期发表了文章《我国城市绿化、园林建设的回顾与展望》，文章回顾了1943—1989年的城市绿化、园林建设。1949—1957年，我国城市绿化和园林建设是稳步前进全面发展的，但由于缺乏社会主义城市绿化和园林建设与管理的经验，出现了不少问题。1958—1985年，由于指导思想多变，又受自然灾害以及工作中其他指导思想等影响，我国城市绿化和园林建设出现了忽上忽下、左右摇摆的局面。1966—1976年，各地园林事业遭到极大破坏和深重灾难。1977—1989年，我国进入了新的历史发展时期，城市绿化园林事业得到重新认识和评价，出现了新的发展。20世纪90年代后，由于城市生态意识和城市绿化功能日益受到上下高度重视并给予新的评价，促进了城市绿化蓬勃发展，并进入一个新的历史时期。

回顾过去，展望未来。21世纪，必须把通过绿化保护环境，改善环境质量放在首要地位，并就绿地率、人均公共绿地面积和投资3个方面提出建议与展望。

《我国城市绿化、园林建设的回顾与展望》回顾1943—1989年的城市绿化、园林建设，汪菊渊分阶段探讨了不同时代背景下园林的建设。

（1）1943—1957年

解放战争时期，多数城市一经收复，成立人民政府后，就着手文物保护，组织接收公园绿地和苗圃。

1949年10月1日中华人民共和国成立，我国城市绿化、园林建设事业开始了新纪元。1949—1952年，各城市积极恢复整理或充实提高旧有公园绿地，陆续开放。同时，积极发展苗圃，大量育苗，为以后绿化建设准备物质基础。各城市大都先成立园场管理处或科（北京市于1950年成立公园管理委员会），随后，各城市成立园林管理局（北京市于1955年成立，杭州市于1956年成立）或直属处（上海市于1955年成立）。

20世纪50年代初期，城市绿化建设从苏联传到我国，公园、花园、绿地不只是美化城市环境的重要手段，而且是人们进行游憩活动的重要地段。

从1953年起，我国开始第一个五年计划，城市绿化和园林建设也逐步走向有规划、有计划的发展。各城市不但重视原有的街道树、河道树的养护整修，还配合城市街道河道的建设，逐年扩大种植。

20世纪50年代中叶，苏联城市规划专家来北京指导城市规划（1955—1956年）。我国许多大城市的园林绿化规划，大都是学习、吸取苏联城市绿化的理论与经验，结合本地区的实际来制订的。随后，结合旧城改造、新城开发和市政工程，积极建设新公园绿地。这些新建公园的规划设计主要受苏联文化休息公园理论影响，即公园是把政治教育活动与劳动人民在绿地中的文化休息活动结合起来的园林形式。各城市较大型公园注意地貌创作或结合市政工程，由于挖湖堆山大都参照苏联公园的规划指标，按功能要求将活动内容进行分区，参照绿地、道路广场、建筑和其他的用地比例要求进行详细设计。

北京于1954年提出，公园应以文化与休息相结合为方针。此后，各公园举办各种展览进行爱国主义和社会主义教育，普遍开展文艺、曲艺、音乐欣赏、电影演映、舞会和游乐会等。不仅北京，各大城市公园也都展开各种文化活动，出现了蓬勃发展的新趋势。

1949—1957年，我国城市绿化和园林建设是稳步前进全面发展的，公私绿地面积、栽植树木数量、苗圃面积，都比新中国成立初期成倍地增长。育苗生产和园林管理也都积累了一定经验，为今后工作打下一定的基础。当然，由于还是缺乏社会主义城市绿化和园林建设与管理的经验，工作中也出现了不少问题。

（2）1958—1965年

园林建设方面，1958—1962年，各城市新建公园有了较大发展，设计上仍然受苏联影响，但也出现了一些把祖国传统山水园形式应用于新公园创作中的探索。到1960年，北京的公园绿地、防护林带总面积超过3000hm^2，但在三年自然灾害期间，先后退出了绿地470hm^2，出现了绿地大发展又大收缩的局面。

（3）1966—1976年

1966—1976年，党和国家遭受中华人民共和国成立以来最严重的挫折和损失。这期间，各地园林事业遭到极大破坏和深重灾难，所造成精神上和物质上的损失是无法估量的。

1971年，联合国大会恢复了我国在联合国的合法地位，随后中美关系正常化，街道绿化也受到重视。国家提出做到路路有树、院院有树，实现普遍绿化的号召，在为政治服务的前提下，开始谨慎安排花卉生产，而且以政治用花和外事用花为主。

（4）1977—1989年

1976年10月后，我国进入了新的历史发展时期，全国出现了大好形势，城市绿化园林事业得到重新认识和评价，获得了新的活力，出现了新的发展。

概括地说，这一阶段内，各城市的绿化方面，首先大力进行和完善街道绿化，即便原仅单排树，只要人行道侧还有空地，也要结合建筑物种植树木花草。至于市中心区和重点干道、三块板路，不仅分东带上种植灌木和宿根花卉，人行道一侧也要有绿带。根据构景需要布置树木花草，或建成花园路，在道路纵断面中开拓散步道，其两侧布置树木花草和座椅，外围植篱。宽幅三块板路的两侧设置特殊绿带，可由树丛、花坛、草坪、水池、雕像、休息设施组成分段小游园，丰富街景。

随着国民经济的调整改革和发展，各城市除有计划地整修各公园及其设施，还新建了不少新公园，或改建、扩建了部分公园，使公园数量增加，质量提高，建设速度也普遍加快。

二、建设成就

汪菊渊谈及公园创作上的继承与创新指出，我国城市公园，虽然20世纪50年代后，在总规划布局上受苏联文化休息公园理论的影响较大，但是在地貌园景创作上还是普遍学习借鉴祖国园林艺术的优秀传统。我国山水园大都根据立意、构思和生活内容要求，就低凿池，因阜掇山，在山水之间布置厅堂亭榭、树木花草，构成妙极自然的生活境域。

20世纪70年代，广州建设了一批新颖别致的宾馆庭园，受到普遍欢迎，它在艺术上的成就，是在继承优秀传统基础上，结合本地自然条件和社会条件，运用新材料、新技术进行了创作而获得的。这个成功的经验开拓了人们的思路，并被运用到公园建设中，既把公园结合功能划分为若干景区，形成各自独立的小境域（景区），布置各种公共活动的游览点和服务设施，重要的景区多采用“园中园”院落式布局，在大园中套有不同内容的小园，从而丰富了全园的景物和内容，较为典型的例子有广州越秀公园的“南秀园”、流湖公园的“浮丘”等。

叠石掇山方面也在学习和借鉴优秀传统文化遗产上有所创新。20世纪50年代，有的城市如北京市搜集在拆毁中或已废的明清宅园中的太湖石，用以点缀新建园林或重新叠石堆山。

20世纪60年代，广州的园林匠师们，在实践中把传统的灰塑发展成为水泥塑，如塑竹、塑松、塑带皮树柱、木纹铺地砖等，形象逼真，工艺精巧。又发展到用水泥塑石塑山，对传统的用岩石掇山的构筑工艺是一大突破。它使一些缺乏湖石山石的地方，也能创作出富于自然情趣的山石水景。

自此之后，各地不乏用水泥塑竹（作栏杆等），塑有皮树柱，以及其他塑石、塑山之作，盛行一时。20世纪80年代以来，各地新建公园中假山仍用天然光石叠掇，而且不乏佳作。

观赏植物是园景创作的重要题材之一。汪菊渊认为，一个园林的环境质量和生态效应，在很大程度上取决于绿化种植面积比例、种植设计艺术水平和养护水平。我国古代园林中对植物题材的选用，首先得注重其性情，即通过对植物形态和生态习性的艺术认识所激发的审美情感，来把握植物的审美个性特征，并使之与一定的社会生活内容相联系。正由于各种观赏植物具有不同的品质、品格，在园林里的种植必须位置有方，各得其所。中华人民共和国成立以来，新建公园中植物布置仍继承传统手法，并有所发挥，同时也运用西方花丛、花坛形式，或为色彩配合，或为图案模样以及整形植篱、塑形植物等。

中华人民共和国成立以来有不少以植物景观著称的公园，如早期的杭州花港观鱼公园（图5-14），突出“花”和“鱼”的主题。全园面积18hm^2，草坪就占了40%左右。尤其是雪松草坪区，以雪松与广玉兰树群组合为背景，构成宽阔景面，气势豪迈；还有柳林草坪区与合欢草坪区配植以四时花木。全园观赏植物共采用157个树种，以传统名花中牡丹、海棠、樱花为主调，在季相构图上从冬到秋，有蜡梅、山茶、梅花、玉兰、海棠、樱花、牡丹、芍药、丹桂、红枫等。此外，红鱼池畔，林缘路边，自然式丛植地，都点缀一些草花和宿根花卉，进一步突出公园的花景。

也有不少以专类植物题材为主的公园，如成都望江楼公园（图5-15），面积11.8hm^2，是我国较大的竹景为主的公园。全园以乡土竹

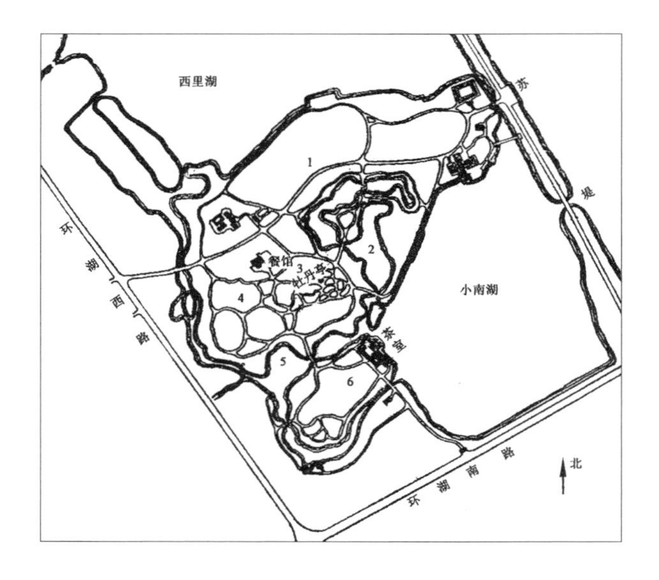

1—草坪景区；
2—鱼池景区；
3—牡丹园景区；
4—丛林景区；
5—花港景区；
6—疏林草地景区。

图 5-14　杭州花港观鱼公园景观分区（资料来源：杨赉丽《城市园林绿地规划》第 5 版）

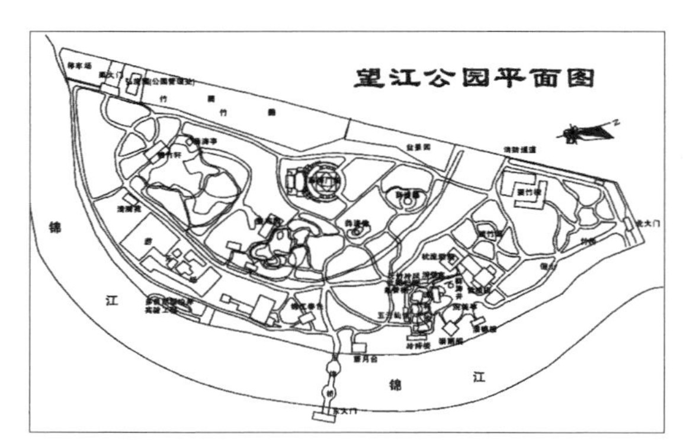

图 5-15　成都望江楼公园平面图

种——慈竹为主，辅之以刚竹、毛竹、观音竹、苦竹、孝服竹、佛肚竹、箬竹等，形成碧玉摇空、绿荫满地、夹径萧萧、柳暗花明的竹景和园景特色，给人以深邃、清幽、淡雅、别致的感受。在临江一侧的园地上，还配置了一片桂花树林，金秋时节，清香四溢，更进一步渲染了幽雅的气氛。

桂林七星公园（图5-16）以桂花为主题进行植物造景，全园遍植桂花，有金桂、银桂、四季桂及丹桂等品种。仲秋时节，满园飘香，园内还种植木兰科和山茶科的植物，使得春、夏、秋三季花开不断，并用五色梅、狗牙根草、云南黄素馨等作为地被覆盖全园。

也有不少以专类花卉为主题的公园。如广州花圃是栽培兰花与游憩

（a）小广寒 （b）阅江楼 （c）奇石馆 （d）桂海碑林

图 5-16　桂林七星公园

活动相结合的专类花园，由于基地狭长，设计者在布局上采取传统的“堂横序列”手法划分景区，将园林建筑按不等距交错横列，把游览线路化直为曲，根据兰花不同品种的生态习性和观赏价值，辅以山石花木，构成一组组富有诗意的景致。全园种植有100多个兰花品种，还配植了几百种花木。园内各景区都有其独特的植物主体，如第一景区的五桠果，第二景区的棕榈，第三景区的龟背竹，第四景区的杜鹃，第五景区的刺桐和结景水池中的睡莲。兰圃以其自有的独特情调而著称。

20世纪80年代，南京园林药物局是一个以药用植物为主题，具有花园面貌的专类公园。设计的基本立意是因地制宜地选用有较高药用价值同时又有观赏价值的植物为题材，创作一个既供休息游览，又普及中草药科学知识，还可实际提供部分名贵药材的园林胜地。全园面积19.64hm^2，依自然地形规划为16个景区，有蔓园、兰圃、药用花径、荷花区、枇杷园、棕榈浒、金钱松渚、木瓜香、芍药坞等。由于该园在创作上匠心独运，特色鲜明，于1985年荣获国家科学技术奖进步奖。

专类花园实例还有洛阳王城公园，以牡丹为主题，万株牡丹发蕊开放时，五彩缤纷的花海蔚为壮观。至于各城市综合性公园中，植物园中专辟月季、牡丹、杜鹃花等专类花园的成功实例还有许多。总之，我国现代公园中十分重视植物题材的运用，以其丰富的形态与色彩变化完善了公园的艺术构图，同时带来了自然的气息和生命的活力。

我国城市公园中的园林建筑，如亭堂廊榭桥等大多采用传统的民族风格，在相地、立基上也继承建筑类型与山水环境性格之间有机统一的传统。运用《园冶》中所说的“花间隐榭，水际安亭”“宜亭斯亭，宜榭斯榭”等基本原理进行布局，达到景若天成，结构工艺由传统的木结构逐步过渡到钢筋混凝土结构，并广泛运用水泥、塑料等现代饰面材料和加工工艺。以亭为例，有整体现浇的，有预制构件拼装的，还有在钢丝网架上用

图 5-17 萃锦园西路池中的诗画舫（黄晓 供图）

水泥砂浆直接抹面的。在造型工艺上，有在水泥里掺入颜料等仿竹、木材质感或竹木形态的，在外部形体上，亭廊堂轩（图5-17）也有采用现代平顶式建筑的，尤其是展览室馆、茶座餐厅等组成建筑时，日趋复杂，并注重内外空间的流通与渗透。

园林建筑组群创作成功的实例也是很多的，如芜湖翠明园，结合挖湖堆山叠石，布置了“明”“暗”两类建筑：“明”的是亭、廊、厅、堂、桥、台；“暗”的山洞、水洞、石房；皆为可观、可行、可游的建筑空间。园中主体建筑基本脱胎于江南明清园林建筑的传统形制，但略有简化；次要建筑则采用皖南民居形式。从而使全国建筑风格既古朴幽雅，又有乡土气息。

桂林各公园的风景园林建筑，取得较高成就的如南溪公园的龙脊亭，位于两座石峰相连的鞍部，其地形特点是外旷内幽，金黄的琉璃瓦亭顶，在蓝天白云的衬托之下，分外悦目。如芦笛岩公园水榭，借鉴传统楼船与旱舫的造型，加以夸张和简化。为突出轻盈浮水的特点，把主体建筑完全置于湖水之中，而以“步莲”为桥，与岸相连，这个水榭“形制亦随态”，建筑虽小，空间却丰富多变，既有明朗轻盈的现代感，又不完全脱离传统形式，成功地与山水交相辉映。再如，七星公园中盆景园的园林建筑群也独具特色。入口处为紫藤小院，粉墙、花窗、草坪，朴实无华，衬托出一株树龄200多年、古朴苍劲的紫藤老桩作为全园的点景主题。园内的松竹轩、怡泉桥、山水廊、留春水榭等建筑，均是周边式布置，求得多方借景，小中见大。在造型上，借鉴当地民居形式，体量轻盈、色调淡雅，装饰简洁，融建筑于山水、竹林之中，韵味无穷。各地盆景园，如上海、无锡等无不以优美园林建筑组群结合山水、花木、草坪构成园林胜地。

三、改善建议

汪菊渊在回顾1977—1989年的我国城市绿化中，已经提到20世纪80年代以来，城市环境污染和自然生态破坏的问题，日益受到上下重视并采取了一定措施，虽然局部有所改善，但总体仍在恶化。20世纪90年代的城市绿化对策，必须把通过绿化保护环境、改善环境质量放在首要突出的地位。汪菊渊就绿地率、人均公共绿地面积和投资3个方面提出一些看法和意见。

第一，要结合城市建设总体规划的修订、城市绿地系统和城市各组成部分的规划目标进行修订。20世纪最后10年中城市绿地率（绿化覆被率）要提高30%~35%，“八五”期间达到25%~30%，为此，要充分利用一些可以绿化的土地，有计划地保证扩大对保护区域改善环境质量有效的绿地面积。

首先，要在规划市区外缘，根据地形和可能条件，设置营造宽且长的城市防护林带并和郊县的农田防护林网相联结，在规划市区内，要在居住区、集团之间设置营造隔离林带，特别是工厂区与居住区之间必须尽可能设置卫生防护带。防护绿地的规划要根据环境污染情况，考虑尘埃、颗粒物、二氧化碳、一氧化碳、氮氧化合物等分布特征，在应该加强的防护地段，设置卫生防护带。必须在颗粒物、尘埃等沉降严重地区，二氧化硫重度污染地区，设置以抗性树种组成的卫生防护带。而不应像有些城市那样，其间有几块可以绿化的地段，就规划称作防护带。这只能是徒有其名，不可能达到防治污染的效果。总之，要在工厂区与居住区之间，铁路、街道与居住区之间，有风沙的地区、噪声污染的地区等，设置各种形式类型的防护带，如卫生保护带、风沙防护带、街道减噪绿地带等。为保护饮用水区、城市水库，要综合治理流经市区的河道下游和城市水道的水体污染和各种固体废弃物污染，要规划设置水源地水源涵养林、河道两岸防护林、水井周围防护绿地以及各种固体废弃物堆场外围的防护绿地。

其次，要继续结合城市各组成部分的改建、修建，扩大绿地面积，即千方百计扩大各种功能用地中单位的环境绿化面积，单位环境绿地包括居住区、机关、学校、医院、疗养院、工厂、仓库等用地中的绿化用地；应根据单位的性质和防护要求分别制定指标。居住区绿地率要根据建筑层数而不同，低层（2~3层）建筑区为30%~40%，多层（4~6层）建筑区为40%~50%，高层（8层以上）建筑区为60%。机关、学校的绿地率在50%~55%，医院、疗养院在55%~60%，至于工厂，根据其类型、性质、占地规模在20%~35%，精密仪器之类的工厂要求更高，要在40%~50%。由于我国地域广阔，各地的自然条件等不同，即使同一类工厂也要区别对待，单位绿地率不宜做硬性规定，但要求各城市根据具体情况，参照上述指标，在各地城市绿化管理条例中作出规定。这样，扩大城市绿地面积才能有所保证。

街道绿地要随着改建、扩建、新建街道时，加以扩大，不只为美化，更要重视街道绿化的防护功能，小街小巷要“见缝栽树，见空布绿”（沙市市《城市绿化规划》中的用语）。无论单位环境绿地、街道绿地等都要有布局有设计地种植树木花草、攀缘植物和地被植物，以提高其绿化功能和艺术水平。

第二，20世纪80年代以来，我国花园、公园的建设，如前所述，无论内容上还是形式上，在挖湖堆山方面、植物布置方面、园林建筑方面、继承传统创新方面都有很大进步，但也存在不少急需解决的问题。

为了适应人民生活水平提高的需要，改变城市面貌和环境质量，必须进一步扩大公共绿地面积，加强城市公园建设，国家提出，20世纪的最后10年，人均公共绿地面积要提高到7~11m^2，“八五”期间达到5~7m^2。这是相当艰巨的任务。要完成这个任务，首先要由城市规划部门在修订总体规划、详细规划中，根据指标，确定公园、花园、小游园等的位置及面积。规划的公共绿地今后不得改作他用，同时现有公私绿地决不允许任何单位侵占。

必须指出，无论从方便群众游憩，还是公共绿地分布要均匀，或为改善城市环境质量和生态健全等方面着眼，都应大量发展游园、花园、小公园，既容易在规划上安置，也便于解决投资和早建成早使用。当然全市性大公园建设也不可忽视。因为改进周围环境的公园绿地其面积至少要在8~10hm^2，但必须进一步明确公园的性质和任务，公园是国家、社会建立的公共事业。公园既是群众游憩、保健的场所，又是向群众进行精神文明教育、科学知识教育的场所。根据公园性质，不应再把“以园养园”“园林结合生产”作为指导方针，或搞各种不符合公园基本功能的活动以增加收入，甚或牟利。公园也是为改善城市环境质量和生态健全而规划的绿地系统中的重要组成部分。因此，公园中绿化面积要占较大比例，即使是大型综合公园其绿化面积至少应占总用地的70%~75%，中小型公园、小游园以及花园要占80%~90%。公园中不应搞亭台廊榭和其他建筑，游乐设施过多会使园中绿化面积低于上述指标。

新型公园的创作不仅在形式上必须是一个美的自然境域，而且在内容上必须适合我国社会主义生活的要求。新型公园的建设上不要再像20世纪80年代个别照搬某些历史名园之作，而要如一些成功之作那样，在继承借鉴传统的基础上又有所创新，要很好地全面地总结过去成功创作的经验，进一步创建不仅具有民族特色、地方特色，而且具有时代意识的新园林。

第三，为了保证规划绿地成为现实，达到指标，必须将城市绿化园林建设计划纳入城市的国民经济与社会发展计划。过去绿地率和公共绿地指标低的原因之一是规划绿地本就不足，其二是土地征用价上涨快、投资短缺。过去我国城市建设投资主要来自城市维护费的按比例提成。据1980年全国220个城市的统计，在城市维护费中用于园林绿化的支出平均只占总额的11.3%（最低的还不到5%，最高的为25%左右），建议应不低于15%，必须较大幅度地提高对城市绿化和园林建设的投资比例，至少应使其年增长率与国民收入年增长率保持同步上升。在城市绿地总面积中，单位环境绿地一般占2/3。为了实现城市绿地率目标，各单位环境绿地的投资必须有保证，要安排（或规定）在各项固定资产投资中占有一定比例的绿化投资。

为了巩固绿化成果，必须强化养护管理以提高绿化质量，市区公园主干道的养护管理应达到一级标准，次干道、居住区、小游园、卫生防护带应达到二级标准，一般道路和城郊隔离带至少达到三级标准。对于种植密度过大的绿地，包括林带、公园中的丛林等，尤其长大后显得拥挤的绿地，要进行合理的调整，以创造良好的生长条件，从而提高绿化质量。过去城市绿化的养护水平，除了重点门面部分外，一般绿化的质量较差，甚至很差。养护费用过低是原因之一。大多数城市绿化养护费还是按1960年的物价计算的。当时人工费每人每天不过1.2~1.5元，而后人工费涨到每人每天至少5元，至于水费、肥料费、药费等都成倍地增长。绿化植物是有生命的，逐年长大，所需水分养料等也是逐年增多的。因此，只有按工作量和养护指标逐步提高养护费，才能保证绿化质量的提高。

为了保障城市绿化事业的发展，汪菊渊的提议曾作为政协提案提出：要制定城市绿化法和公园法。他希望在“八五”期间，在总结经验和得失的基础上，尽快制定相关法律。

第三节

城市绿化的生态美学

汪菊渊在《中国园林》1990年第1期发表文章《城市环境绿化的生态学与美学问题》，汪菊渊以工业区和居住区的绿化内容为例阐述了城市环境的生态学和美学问题。

城市环境是人类按照社会需求改变了自然而建设起来的人工环境，有物质环境和非物质环境之分，其营造和修建必然对原来的自然、环境和生态有所改变，因此，人们应当保护自然资源，合理改变自然。什么样的城市环境才是美的并能给人以美的感受？美的城市环境必须是结合自然环境（次生的）和人工环境而创造的具有现实美的环境，是清洁的、优美舒适的环境，是整体美的。城市绿化，作为一个系统，地形地貌景观、街道景观、园林景观、森林植被景观要互相渗透、互相结合，使整个城市不仅环境质量良好，城市生态健全，而且具有整体美的风貌。

关于城市与城市环境，汪菊渊认为城市，简单说来，即一定规模的地区，通过改造自然和修建，为人们构成一个创造物质财富、精神财富和美好生活所需要的综合境域。城市是以人类为主体的。城市环境是指在城市境域内，围绕着人类生产和生活的物质环境和非物质环境的总和。物质环境包括自然环境和人为环境，非物质环境即社会环境，包括政治环境、经济环境、文化环境等。对于居民来说，城市环境就是整个城市的大气、水体、土地、森林、草原、动物、农田、树木花草（栽植的）、建筑、道路、构筑物、公用设施以及社会因素等，即城市居民生存和生活的环境。

然而，城市的营造和修建必然对原来的自然、环境和生态有所改变。汪菊渊指出，随着城市的扩大和社会、经济的发展，人类活动对大自然的影响，对环境和生态的破坏，使公害日益严重，最终将威胁到人类的生存。人类在改造自然中不断地受到自然还偿和惩罚后，越来越感到要合理地使用自然资源，首先必须保护自然资源，要回应环境的挑战。当今，社会（经济）—自然这个体系的提出，就是要人们合理地改变自然，使社会经济的发展与环境的保护相协调。城市环境问题首先是生态学问题，城市环境的美学问题不只是自然的美学问题，还必须是合理地改变自然面貌的美学问题。

人们逐步认识到要创造一个清洁、优美、生态健全的城市，必须具备使社会、经济的发展与环境和生态相协调的意识，在城市规划上有合理的布局，特别是工业布局和相应防护措施，市中心区、居住区、道路系统等城市各组成部分必须有充分的一定方式的绿化和有机的组成的绿地系统。这样上述城市污染和公害是可以得到减轻甚至消除的（结合防治污染的生产工艺和防治技术措施）。生态意识和城市绿化功能日益受到人们的重视，还因为绿化是城市生态系统中维护生态健全的重要手段。充分合理的绿化能保护人和自然相互依存的关系，能改善城市气候和环境质量，使城市成为适宜于并有益于人类生产和生活的境域。

那么，什么样的城市环境才是美的并能给人以美的感受？汪菊渊从一个优美的城市必须是清洁的、生态健全的城市这一基本观点出发，初步提出城市环境美的几个标准（因素）。城市不论其规模的大小都是由不同的各个部分组成。此处以工业区和居住区的绿化内容为例来阐述城市环境的生态学和美学问题。

汪菊渊谈到，美的城市环境首先必须是清洁的环境。城市总要排出各种废弃物，包括工业的和生活的废气废物。一个城市如果随处可见垃圾废土，街道上废纸、废棍、烟头乱扔，小河变成污浊臭水沟，是不卫生也是不文明的表现。垃圾废土必须及时清除，臭水沟必须治理，社会公德必须遵守。“清洁”一词不仅指卫生而已，还主要指空气清新，山清水秀，环境整洁，不允许大气、水体、土壤等受到污染。要防治污染不让环境变坏，一方面必须采取技术措施减少排废量，并把废气、废物等消灭在污染源（有毒废气排出至少达到国家卫生标准，把废弃物集中起来进行处理）；另一方面必须大力绿化，它是改善城市气候、净化空气、吸滞尘埃、吸收有害气体从而改善环境质量、维护生态健全的重要手段，也是美化城市的重要手段。

一个城市，即使高楼林立，交通方便，社会服务良好，街道上绿树成荫，草坪如茵，花卉争艳，表面上看来整洁优美；实质上污染相当严重，在城里抬头不见有澄澈蔚蓝的天空，尘雾迷漫，远眺看不到青山秀峦，夏天里“温室效应”给人们造成烦热，冬天里逆温层像锅盖一样笼罩在城市上空，使有害气体不能扩散出去，危害人体健康。这样的城市是真正美的吗？

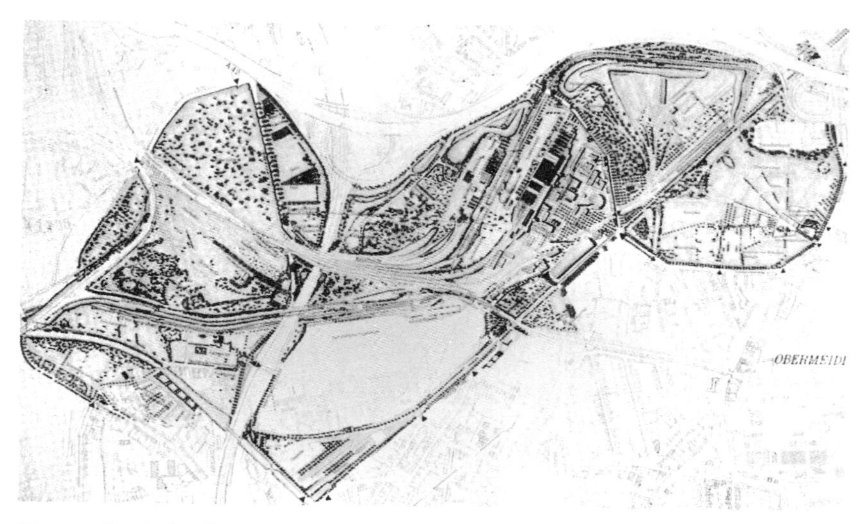

图 5-18 杜伊斯堡风景公园（资料来源：杨赉丽《城市园林绿地规划》第 5 版）

一、工业区绿化

关于工业区的绿化（图5-18），汪菊渊认为，工业区是城市的主要污染源。工厂绿化的首要任务是针对污染物的性质，采取一定的绿化方式，它因工厂的类型、企业的性质而不同。重工业钢铁厂主要防烟尘和二氧化硫等有害气体；化学工业的化工厂主要种植隔离带，能适当吸收有害气体的防护带，以及由防火树种组成的防火林带；轻工业如棉纺厂等的绿化主要是为了调节温度与湿度以及小气候的改善；精密仪器工业的工厂绿化目的，主要是限制地面和空中固体微粒污染物的飞扬和二次扬起，要有较好的草坪和地被植物的种植，不裸露地面，要有滞留、吸收和过滤尘埃的树带。有些工厂在生产过程中产生噪声较大，人们长期在噪声环境中工作，会感到情绪烦躁，精神不振，影响效率。如能在车间外围设置多行树的树带让工人在树带外侧休息，就可大大降低甚至听不到噪声，并且绿色的环境让人心神安宁。总之，工厂绿化的首要功能是保护和改善环境。

工厂绿化的规划首先是工厂周围防护绿带的规划。它是隔离工厂有害气体、烟尘等污染物，减少对居住区影响的重要措施。周围防护带还包括围墙后退5~10m的树带，还可间植灌木和花草，使人们对工厂从外貌上产生良好印象。其次是大厂中各功能区之间的隔离绿带以及防治减轻尘埃、有害气体的，调节小气候的，防火防灾的防护带等。车间附近的绿化主要是保护环境，树木的种植不宜过密，以利于有害气体的扩散。一般情况下，无或少污染又有较好立地条件时，可以种些灌木花草，以打破工厂构筑物的呆板单调，增加色彩，构成小景，美化环境。车间附近的空地有限或仅小隙地时，可沿墙设置花台（台内种花或摆盆花）。工厂工人的工间休息次数较少，时间也很短，车间绿化主要为了清除身体疲劳，调节心理和生理的疲倦，达到真正休息的目的，其环境应该是宁静的，光线柔和的，绿色为主的或色彩淡雅的。

工厂内主干道路要把车行和人行分隔，绿化方式在分隔带上以灌木或小乔木为主，不影响司机的视距，尤其交叉口处要种植低矮灌木，人行道一侧应有遮阴街树。工厂道路绿化，还应考虑阻挡行车时扬起的尘土，减轻噪声和吸收废气的作用。主干道路较宽、较长时，也可根据实际情况结合需要，在某些地段布置有灌木花草的街头绿地或小花园。厂内铁路两侧应有较宽的防护绿带，起到隔离和减噪作用，树带内侧可种灌木，交叉口处要有一段距离的矮灌木，不影响司机视距和行车安全。

至于厂前区、办公楼前、中心广场是工厂的门面所在，也是反映工厂精神面貌的场所，这里的绿化应当体现出较高的园林艺术水平。可以采取场园（小游园）或花园的形式，有草坪、树丛、花坛，有条件的地方可设置水池、喷泉、雕像、花架等园林建筑小品，进行造景，创造一个宁静而优美的环境，甚至有一定风格的表现。其他如食堂、幼儿园、医务室、宿舍、停车场等都应根据其功能要求进行绿化和美化。

无论是工厂公园化、花园化、园林化，就其概念而言，不等于把工厂建成像花园或公园一般。这是不可能也是不必要的。工厂绿化必须结合工厂的类型、性质、特点，不能把所谓美化放在绿化功能之上，更不能把花园、公园的布局手法、创作景点，景区的手法、造景手法等生搬硬套过来。总之，工厂绿化的功能要求、生态要求是第一位的，不能不对其美学要求有所限制。

二、居住区绿化

关于居住区的绿化，汪菊渊认为，美的城市环境的另一重要基础，就是要为人们提供一个优美舒适的环境，特别是生活环境。创作一个优美舒适的生活环境，首先必须是一个清洁的环境。对于居住区是如此，对城市中心区、商业区等也是如此。人们在居住区或居住小区内活动、休息、学习的时间最长。居住生活环境是否优美舒适对居民的身心健康有很大的影响，也直接影响到居民的日常生活。

居住区绿化的规划，首先要在临街的一面设置隔离绿带，以吸附尘埃、阻挡噪声，有利于环境保护和居住区的宁静。宁静就是心理上的一种舒适感。居住区绿地应占居住区总用地的一定比例，才能起到净化空气、改善小气候的效应。这个小气候效应包括增加相对湿度，降低夏季气温，减低大风的风速。还因小气候产生微风增强区域内空气流通等，从而形成舒适环境。这种舒适感是生理上的也是心理上的。

居住区绿地又是居民进行运动、游戏、散步、休息等活动的场地，是丰富居民生活的措施。居民包括老年人、壮年人、青少年和儿童，各有其不同要求，但尤其要重视退休老人和幼儿园学龄前儿童的活动要求。因为他们既不上班也不入学，在居住区的时间最长（图5-19、图5-20）。

居住区绿化的组织或布局，要根据居住区或小区的规模，它在城市中所处位置，周围地区公共绿地的分布，以及居住区内住宅组群、道路、社会服务设施等布置情况而不同。总体而言，要充分利用自然地形如坡地、小丘、池河以及原有的树木等，因地制宜地布置绿地。在绿化种植上，对建筑物、构筑物要起到衬托美化的作用，要“俗则屏之，嘉则收之”，用绿化起到显露、突出或遮隐的效果，要注意线条上、色彩上协调，或运用对比手法，突出景物。树木花草的种类要丰富，色彩要鲜艳。居住区内道路绿化，除了一般道路绿化的要求外，还要根据级别分别对待。联系居住区内外主要道路与一般市区街道的绿化布置近似，联系居住区各部分之间

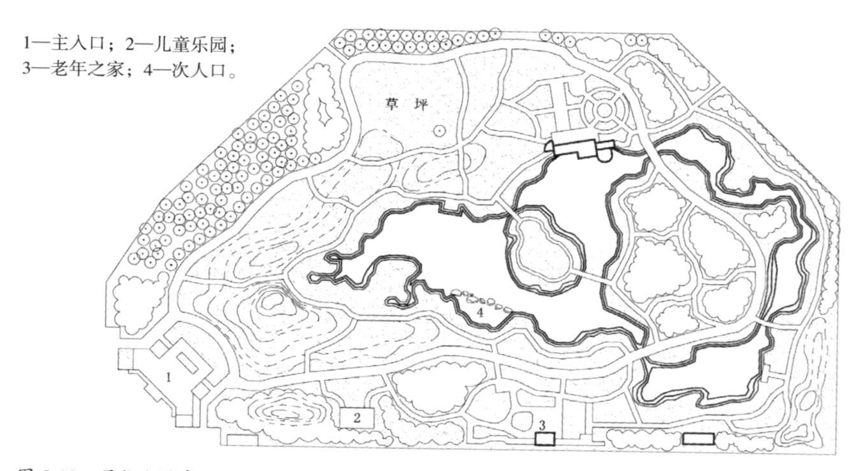

图 5-19　居住小区中心公园（资料来源：杨赉丽《城市园林绿地规划》第 5 版）

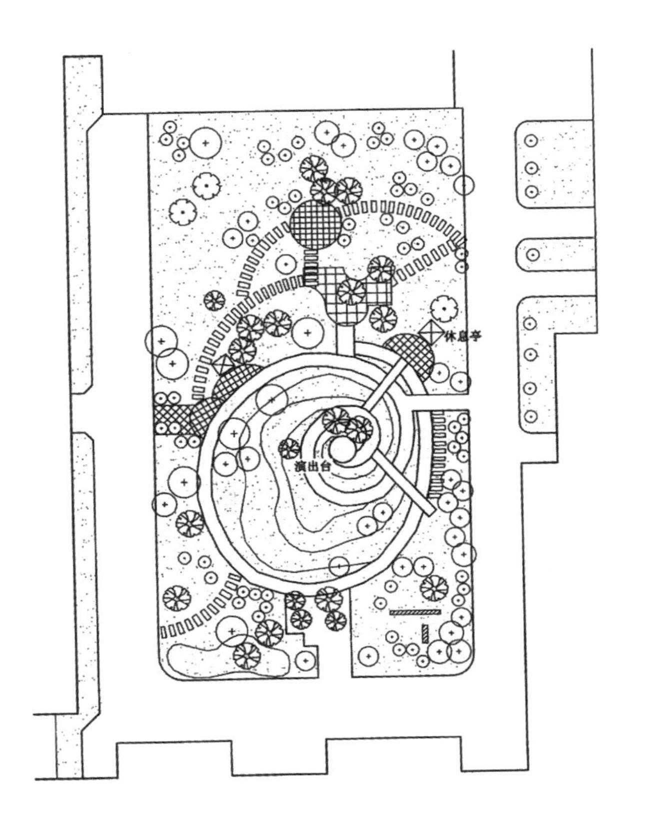

图 5-20　居住小区中心花园平面设计（混合式）（资料来源：杨赉丽《城市园林绿地规划》第5版）

次要道路和联系住宅群或住宅之间的道路，其绿化布置与住宅建筑关系密切，要用以衬托和美化建筑面貌。路旁树木的种植也不一定是行列式的，可以散植成丛植，还要与住宅绿地结合起来，使环境更为优美。居住区绿化应更加重视草坪、灌木、花草的运用。至于一定规模的居住区或小区的花园、公园，必须在满足服务半径内居民的游憩生活要求的同时，运用艺术手法进行造景，使它们成为一个美的自然和美的生活的境域。

美的城市环境必须是结合自然环境（次生的）和人工环境而创造的具有现实美的环境，美的形态按其不同性质，可分为现实美与艺术美。对于这两者，汪菊渊认同王朝闻的“论现实美”：现实美是美的客观存在形态，艺术美却只是这种客观存在的主观反映的产物，是美的创造性的反映形态。现实美是艺术美的唯一的源泉，属于社会存在的范畴，即第一性的美。艺术美却是属于社会意识范畴，即第二性的美。艺术美作为美的反映形态，它是艺术家创造性劳动的产物。就普通实际生活的美相比较，它具有更高、更强烈、更集中性、更典型和更理想的特点。

汪菊渊指出，城市的自然环境已不是原生环境，而是被人类活动所改变了的或污染了的次生环境，城市中由人建造的房屋、道路、广场等各种构筑物、园林等完全是人工环境。所以，城市环境美主要是现实美。城市环境的自然美，主要是人们直接改造加工利用的自然对象的美。只有自然风景区才具备经直接改造加工的自然对象的美。至于艺术美，主要是单体建筑或建筑组群、一座园林等，在当作艺术作品来创作时才具备。

不少城市具有优美的自然环境。这些山水景物的保持和加工利用，不仅具有重大的生态学上的意义，而且从自然的美学转变到改造、改变自然的美学方面也有重大意义。

汪菊渊还特意提及，城市环境美必须是整体美，不能仅仅某个或多数城市组成部分的环境是美的，而有某个或几个组成部分的环境是不美的，那么就不能说这个城市环境是美的。不能单单因为有几个比较出色的公园或几条绿化美化的街道，就说某个城市是美的，因为也许走进工业区，会发现污染严重，没有隔离、卫生防护林带，居住区邻街的一面尘土、噪声污染产重，就把对于出色的公园和街道的良好印象冲掉了。城市绿化作为一个系统，必须综合地把原有的和创作的地形地貌景观，街道两旁绿地和建筑构成的街道景观，公共建筑和单位环境绿地以及公园所形成的自然美的园林景观，郊区林带、林区的森林植被景观，互相渗透、互相结合，使整个城市不仅环境质量良好、城市生态健全，具有整体美的风貌，使人们无论到城市的哪个区、哪个角落，都能心旷神怡，置身于一个比自然更集中、更优美的境域中。

参考文献

汪菊渊. 运用城市绿化减轻公害的初探[J]. [出版地不详]: 园林科研所, 1979.
汪菊渊. 居住区绿化中的几个问题[J]. 城市规划, 1980(3): 29-30.
汪菊渊. 绿化美化首都的几个基本问题[J]. 北京林学院学报, 1982(2): 1-11.
汪菊渊. 城市环境(绿化)的生态学与美学问题[J]. 中国园林, 1990(1): 38-41.
汪菊渊. 我国城市绿化、园林建设的回顾与展望[J]. 中国园林, 1992(1): 17-25.

第六章

菊映华夏，德厚如渊

图 6-1　汪菊渊（中）、吴良镛与李敏合影（汪原平 供图）

汪菊渊作为新中国首个园林专业（造园组）创始人之一，从专业创建伊始到调至北京林学院（今北京林业大学）成立城市及居民区绿化系始终参与其中，为中国园林学科的成立与发展作出了全面而卓越的贡献。

汪菊渊作为一名伟大的人民教师，桃李满天下，培养了一大批优秀的风景园林人才，很多人都成为学科和行业的栋梁。他谦虚谨慎、宽厚坦诚、亲切平和，将对专业的热爱与执着化成对学生的爱护和帮助，深受学生敬重。

汪菊渊是新中国研究中国古代园林的第一人，为中国古代园林史的研究立下了不世之功。他的巨著《中国古代园林史》作为中国古典园林领域最具影响力的三部专著之一，摆放在苏州园林博物馆，成为园林学界弥足珍贵的财富。

汪菊渊在担任北京市农林水利局、园林局局长等职务期间，大力推进中国园林花卉与园林绿化事业的发展，并担任多个学会的副理事长和秘书长等职，有力推进了中国风景园林相关事业的发展。

第一节

中国园林专业创始人

汪菊渊是我国著名的园林学家，被公认为我国现代园林学科理论的奠基人。作为中国第一个园林专业——清华大学和北京农业大学合办的造园组的创始人之一，从专业创建伊始，到调至北京林学院（今北京林业大学）成立城市及居民区绿化系，汪菊渊对中国园林学科的成立与发展作出了全面而卓越的贡献。

早在中华人民共和国成立之际，汪菊渊就高瞻远瞩，以学者特有的眼光预见了未来风景园林事业的发展，并在极其艰难的条件下，力排众议，开始了造园专业从理论到实践的建设。

1951年，汪菊渊协同吴良镛牵头开始学科的创办。我国第一个园林专业造园组的诞生，标志着造园专业的萌芽，为现代园林学科的教育与发展奠定了专业基础。随着汪菊渊等人的不懈努力，造园专业在我国高等院校中蓬勃发展。

除了专业创建，汪菊渊还对学科基础、结构体系进行梳理，对学科的发展与进步作出了突出贡献。他为《中国大百科全书：建筑·园林·城市规划》园林部分撰写总论和多个词条，指引了园林学科的发展方向，为学科进入一级学科打下了坚实的根基。

汪菊渊将毕生精力投入园林学科的发展中，培育了一代又一代的园林人才，随着造园专业毕业生遍布我国各大城市。汪菊渊这一生为学科作出的贡献与其一生待人接物的大家风范，令人们“高山仰止，景行行止”，也为后世所敬仰。

一、专业诞生

20世纪50年代之初，中华人民共和国刚刚成立不久，百废待兴、百业待举。中华人民共和国园林事业是在非常困难的条件下起步的，随后的数十年也是步履维艰。汪菊渊认为，在光辉的社会主义未来，园林和观赏植物也将成为人民生活的必需品。为了这个最终有利于祖国可持续发展的事业，汪菊渊真正做到了鞠躬尽瘁，死而后已。“十年树木、百年树人”，造园人才的培养是长期工程，不可能等到需要时才临渴掘井、一蹴而就。因此，虽然不少人认为条件不成熟，但汪菊渊仍然力排众议，坚持在我国高等院校设立造园专业。最终，他的远见得到了党和政府的大力支持。

据清华大学建筑学院教授、时任中国风景园林学会顾问朱钧珍回忆，汪菊渊在中华人民共和国成立后仅用两年时间，学习了俄文并编写出《苏联园林》教材，他这种与时俱进的精神十分令人敬佩。而且，他还能在1951年“一切向苏联老大哥学习”的号召下，抓住时机，与吴良镛一道，冲破苏联学制的条框，在清华大学营建系成立造园组。这一创举已成为中华人民共和国园林教育的先声。因此朱钧珍认为，中国园林学科事业的发展，犹如星星之火，是由下而上，由梁思成“寓园林于城市规划”的思想和启示，在汪菊渊、吴良镛两位具有同样思想并具体操作下而点燃起来的。所以说他们是中华人民共和国园林学科事业的开山祖师。

1951年，吴良镛与汪菊渊初识时便谈起学科建设形势的紧迫性以及园林人才培养的重要性，两人相谈甚欢，当即着手主持“造园学系”的草创。后来，汪菊渊与陈有民（当时为北京农业大学助教，现为北京林业大学教授）和朱自煊（现清华大学教授、中国城市规划学会荣誉理事）创办园林专业的意愿不谋而合，促成了造园组这一试点的诞生，共同创办了我国第一个造园专业。这是我国园林专业的萌芽，为中国的教育史添上了新的一页。

吴良镛曾在回忆里提起他与汪菊渊的交往。“我和汪先生有近半个世纪的交往。开始是在1951年上半年，这时北京初定，建设任务很重，负责北京规划建设的都市计划委员会尚未提出足以解决现实问题的规划方案，所以当时的北京建设局局长王明之先生（曾任清华教授）组织了道路系统委员会和园林系统委员会，分头开展议论。在园林系统委员会议上，我结识了汪先生，我们在会议休息期间，谈到了建设形势的紧迫性以及园林人才培养的重要性，汪先生建议北京农业大学和清华大学合起来创办园林专业。1950年年底，我自美返国之前，也曾经访问过哈佛大学、麻省理工学院和加州大学伯克利分校的建筑、城市规划、园林等专业，并在旧金山认识了当地有名的园林设计师T·丘奇（Thomas Church，*Gardens for the People* 一书的作者），由此对园林学科的发展兴趣很浓。所以和汪先生交谈时一拍即合，当时大家都有激情，说干就干，分头行动。”

吴良镛还讲述了他与汪菊渊共同创办造园组的过程：“汪先生回去之后，在北京农业大学很快解决了相关问题。我回到学校之后也立刻向梁思成先生做了汇报，梁先生非常赞成（后来才知道梁先生发表于1949年7月10日《文汇报》的文章《清华大学营建系学制及学程计划草案》中，已提到了营建学院中设造园学系的设想）。我和汪先生再次在会上见面时，大家都很高兴，接着开始着手一些具体的工作。汪先生热情很高，当时北京农业大学的助教陈有民先生随之来清华大学参加这个专业的草创，他们在北京农业大学组织10名读完园艺系二年级的同学转来清华大学学习，制图、绘画等由系里安排专为他们开设，建筑初步课程由我及刘致平先生讲授，一切进展平稳。当然，由于专业初办，期间总会有很多待探索的问题，记得当年暑期汪先生带学生去南京实习，就有同学对专业方向提出了一些疑问，认为学生培养的目标以及专业的发展方向不够明确。归来后立即在我家开会，我与汪先生虽向他们做了一些解释，但新专业的设立毕竟有一个探索的过程，不可能一切都弄清楚，此后这类问题的提出和讨论时有发生。好在工作一直在进行，同学们也都很活跃。”

朱自煊用“一见如故，如沐春风”来形容汪菊渊平易近人的性格，评价汪菊渊在专业初创时具有极高的创业精神和务实作风，他渊博的专业知识和深厚的历史文化底蕴，使同事和后辈受益匪浅。据朱自煊回忆与汪菊渊共同创办专业的经历：“回忆1951—1953年与汪先生等共同创办我国第一个园林专业——北京农业大学园艺系造园组时的经历，先生的创业精神、务实作风，依然清晰地留在我脑海中。那是在院系调整之前，我们的老主任梁思成先生有志于把清华大学建筑系办成一个拥有建筑设计、城市规划与设计、园林和工艺美术设计的综合环境设计系，和汪先生创办园林设计的意愿不谋而合，促成了造园组这一试点的诞生。由汪先生和吴良镛先生共同主持，陈有民先生和我参与具体操办，选了8名（最初10名同学中有2名因故未参加）北京农业大学园艺系同学，男女各半，三年级开始到清华大学建筑系就读。有关建筑、规划方面课程由清华大学开设，有关园林方面课程则由北京农业大学开设。汪先生还亲自开设了花卉园艺与观赏树木等课程，并利用暑假带领师生至江南和承德避暑山庄进行参观实习和毕业实践。汪先生是我的老师辈，他渊博的专业知识、深厚的历史文化底蕴，使我受益匪浅，加上他性格开朗、平易近人，缩短了彼此间学历与年龄上的差距，以后虽然不在一个单位，仍然是一见如故，如沐春风。这是极难得的，也是极其令人怀念的。”

除了在专业创办的成就之外，汪菊渊还在学科体系上提出了极有启发性的框架。汪菊渊以其前瞻性的国际大视野，编撰了《中国大百科全书：建筑·园林·城市规划》的园林部分，提出了园林学的研究范围随着社会生活和科技的发展而不断扩大，目前包括传统园林学、城市绿化和大地景物规划3个层次的基本命题，指引了我国风景园林学科的建设方向（图6-1）。

交往半生，吴良镛十分敬佩汪菊渊对于园林的热爱与执着，对汪菊渊的学科视野称赞有加。曾称汪菊渊"认定园林就不顾一切积极以赴，勇于开拓，在学术研究方面从园林理论到对中国古典园林的研究，披荆斩棘，勇往直前。"吴良镛在缅怀汪菊渊的文章中提道："我很佩服汪先生，他对中国园林学科的建设发展作出了多方面的贡献。他是《中国大百科全书》园林主条目的撰写人（我与汪先生都参加了《中国大百科全书：建筑·园林·城市规划》的编写，因此经常在一起交流），在评审中虽免不了分歧，但他最后还是出色地完成了任务。其中汪先生认为园林学是研究如何运用自然因素（特别是生态因素）、社会因素来创建优美的、生态平衡的人类生活境域的学科，并阐明其主要包括传统园林学、城市绿化和大地景物规划3个层次；他还认识到园林学的研究范围是随着社会生活和科学技术的发展而不断扩大的，并指出园林学的发展一方面是引入各种新技术、新材料、新的艺术理论和表现方法用于园林营建，另一方面是进一步研究自然环境中各种因素和社会因素的相互关系，引入心理学、社会学和行为科学的理论，更深入地探索人对园林的需求及其解决途径，这些论点掷地有声。"

中国风景园林学会副理事长，《中国园林》杂志社社长、副主编王秉洛在《忆学科奠基人汪菊渊先生二三事》一文中也回忆道："1978年国务院决定编辑出版《中国大百科全书》，20世纪80年代初通过行政主管部门的协调，决定编辑出版建筑·园林·城市规划合卷，请汪菊渊任园林学科编写组的主编。汪先生当仁不让承担起学科带头人的任务，多次召集会议研讨，首先由汪先生主持，朱钧珍先生动手，在本卷责任编辑刘永芳参与下制定出一个编写框架，然后才在框架下落实条目和各撰稿人。这次编写框架的研讨，实际上是对学科发展的一次检视，对学科基础、结构体系的一次梳理，是对学科发展走向成熟的推进。汪先生着力于此，反复推敲，数易其稿才确定下来。当时刚成立的中国建筑学会园林学会属于二级学会，可是这次合卷是建筑、园林、城市规划并列，卷前的专文也是3篇独立，园林也俨然如一级学科的位置。所以这是向一级学科挺进的一个里程碑。汪先生撰稿的卷前专文《园林学》堪称经典，全面论述学科性质和范围、发展历史、研究内容以及广阔的前景，成为学科的共同宣言，被广泛引用。此篇文字千锤百炼，许多段落直接被引作法条。特别是汪先生对学科领域进行界定，完全是以国际大视野、前瞻性地为现代的中国风景园林学作出规定，其意义非凡。”

二、学科发展

汪菊渊创建的造园专业于1956年迁往北京林学院，组建“城市及居民区绿化系”，后来发展为“园林学院”，为我国培养出大量的园林建设人才。汪菊渊是“园林学科灵魂的工程师”，对学生不仅传道、授业、解惑，更会在精神层面上启发人、感染人。有理想信念、有道德情操、有扎实学识、有仁爱之心，为园林学科的未来发展作出了突出贡献。

中国科学院华南植物园原主任（园长）唐振缁，作为第一批考入汪菊渊门下的学生，在纪念汪菊渊的文章中感叹汪菊渊传业有道，学为人师，行为世范。据他描述：“汪先生教学非常认真，当时国内造园方面的参考资料极端缺乏，他克服了重重困难完成备课，运用他丰富的教学经验和出色的口才，深入浅出，把枯燥难懂的理论讲得生动活泼、主题突出、通俗易懂，深受同学们的欢迎。有些园林论文的作者为了炫耀自己，就浅入深出，把浅显的道理和明摆着的事实弄得晦涩难懂、干瘪乏味。对比之下更能感受汪先生可贵的品德和高深的学术造诣。汪菊渊先生和蔼可亲，对待学生犹如自己的子女，没有一点架子。平时只穿一套旧西装（天热时还习惯穿短裤配以长袜）、头戴旧鸭舌帽、嘴叼烟斗，形象非常平易近人并有特点。由于他很注意理论联系实际，重视田间和野外操作，因此总是满面风霜，皮肤晒得黝黑，使得这位大专家、大教授有时看起来倒像个朴实的种田人。”

汪菊渊一生宽厚坦诚、循循善诱、严谨治学、宽以待人的大家风范，早已随着他培育的几十粒“造园种子”，在全国和全世界发芽、成长、开花结果，成为风景园林学界德高望重的光辉榜样。

华南农业大学林学院风景园林与城市规划系主任李敏，在《大业初成念恩师》一文中怀念恩师时也提到汪菊渊为人师表的典范：“如今，风景园林已发展成为一门保持和创造人类活动与周围自然世界和谐关系，包含生态、游憩、工程和艺术内容的综合性学科。恩师汪菊渊院士为开拓中国风景园林学科奋斗了一生。他谦虚谨慎、宽厚坦诚、高风亮节、为人师表的风范，为世人所崇敬。他一向强调理论联系实际，足迹踏遍祖国的名山大川、历史文化名城和园囿宫苑遗址，写下了近百万字的札记和文稿，是一位兢兢业业、埋头苦干、一丝不苟、毕生进取的科学家。他在晚年每天都要抽一段时间读书写作，即使出差旅途也不例外。他在逝世的前几个小时仍带病伏案撰写著作，实现了自名'奋生'的矢志。恩师的道德文章堪称楷模，他卓越的才华，渊博的学识，严谨的治学精神和亲切平和、关怀后生的长者风度，永远是我们学习的表率和典范。"

回顾汪菊渊创办园林专业时筚路蓝缕的历程和高瞻远瞩的目光，一生待人接物的大家风范和学术研究的精益求精，以及教学实践的才华横溢，行政管理的有条不紊，广揽人才的宽广胸怀，总令我们"高山仰止，景行行止"。

第二节

风景园林教育奠基人

汪菊渊是中国园林学科的奠基人。1946年，汪菊渊担任北京大学农学院园艺系副教授兼院农场主任；1950年，任北京林学院城市及居民区绿化系副主任、教授；1951年，到清华大学营建系成立造园组并任职其负责人至1956年。1956年以后，汪菊渊先后在北京市农林局、园林局担任领导职务，但仍然心系教育，继续兼任北京林学院城市及居民区绿化系副主任，并讲授城市及居民区绿化和园林史课程，帮助辅导年轻师生。

汪菊渊作为一位伟大的人民教师，他一生之中教授了许多学生，桃李满天下，培养的一大批优秀的风景园林人才，皆成为学科和行业的栋梁。汪菊渊一生谦虚谨慎、宽厚坦诚、为人师表、亲切平和。他对专业的热爱与执着，化成了对学生们的爱护和殷切期望。他为学生所敬重，为世人所崇敬，为行业所敬仰，其道德文章堪称楷模。

汪菊渊在教育学生的时候注重理论联系实际，经常出外业，踏遍祖国名山大川、历史文化名城和各类园林宫苑遗址，注重日积月累的感悟，坚持记录札记和文稿，坚持每天创作，即使公务繁忙也不例外。他还坚持广招人才、兢兢业业，聘请大量有学术造诣的教师。他含辛茹苦、任劳任怨，曾一人同时承担六门课程的讲授与实习的繁重任务，经常通宵达旦备课。汪菊渊的授课特色明显，深入浅出，把枯燥难懂的理论讲得生动活泼、主题突出、易懂易记。他注重教学质量，使用先进的教学设备，课堂讲授都非常准确，观点鲜明、论据据理确凿。此外，汪菊渊还把爱国之情融进毕生的教育之中，崇尚“科教兴国”，以国家事业为重、身体力行承担教育重担。为此，他努力发掘、继承和发展中国风景园林的民族传统，把园林、园艺学科挖掘出了中国的特色，力求在发扬祖国优秀园林传统的基础上与国际接轨，达到相互沟通。

在教育过程中，汪菊渊对待学生犹如自己的子女，他虽然课上严格严肃，但平日亲切平和，关心学生们的生活，对学生们关怀照顾、谆谆教

图 6-2　汪菊渊（前排居中）与张天麟、周家琪、俞善福师生合影（汪原平 供图）

诲，是一位可敬可亲的良师益友（图6-2）。汪菊渊也非常爱护学生，总是对学生给予物质和精神上的支持，还经常提携各类青年，提供各类机会，鼓励青年学生、老师发表研究成果。他主张言传身教的教育思想，秉持着“美即生活”的教育理念，带着学生们诵词吟诗、游览山林、游憩漫步。

汪菊渊一生平和近人，勤奋好学，求创新、谋发展的进取精神，对园林事业的热情以及高瞻远瞩的眼光，着实令人敬佩。他树立起了一个中国科学家和人民教师的光辉榜样，他的所作所为是教育者的表率和典范。

一、师恩浩荡

1951年，在北京农业大学园艺系工作的汪菊渊与清华大学营建系吴良镛，促成北京农业大学和清华大学合办造园专业，开始将风景园林作为独立学科进行建设，汪菊渊也继续在风景园林教育事业上尽心尽力。他教授的学生不计其数，包括孟兆祯、陈有民等一大批风景园林的前辈和学者。

风景园林规划与设计大师，中国工程院院士，北京林业大学教授、博士生导师孟兆祯在《师恩浩荡——怀念汪菊渊先生》一文中回忆道：“我有幸被录取为1952级一年级新生，我们全班男女生总共7位。在我们前面

图 6-3 汪菊渊（前排左 6）与同事、学生合影（汪原平 供图）

的3个班，1949级、1950级是在北京农业大学学习园艺方面的课程，然后到清华大学营建系学习建筑课程。1951级以后在北京农业大学上课，由清华大学的教师到北京农业大学上建筑工程方面的课程。1951级与1952级合班上专业课，由两校合办逐步转到北京农业大学办学。汪先生不仅负责专业方面的教学，并且在行政方面兼任园艺系副主任，同时主管造园专业教学和行政工作。”（图6-3）

孟兆祯也在文章中评价汪菊渊在创立风景园林学科时作出了突出的贡献：“中国当今风景园林规划与设计的学子大多直接或间接地蒙受过汪先生的教益。他是一位坚持在教学第一线工作、德高望重的教师。他那谆谆教导的仪容和诲人不倦的精神在我心目中是音容宛在、难以磨灭的。叶茂思根，后来学科事业的空前繁荣，与创业的前辈奠定学科全面而扎实的基础是不可分割的。”

创办新学科，谈何容易。开创新教学体系则更为不易。当时汪菊渊除了和吴良镛共商教学计划外，还要落实到新课程开设，实际上是建立起了学科的教学体系（含教学计划、教学环节和课程设置等），并在日后逐渐完善。据孟兆祯回忆：“专业基础课和建筑方面的课程要向北京农业大学承办过渡，专业课程则必须自力更生。汪先生一方面着手邀请同行专家归队，如宗维城先生教美术、孙筱祥先生教园林艺术和园林设计、金承藻先生教画法几何与园林建筑等。专业调整到北京林学院以后，他请李驹先生到校兼任系主任，他自己任副主任。在这些教师未上任时，汪先生一人独担重任，为我们开设了几乎所有的主要专业课，包括中国造园史、西方造园史、园林艺术、城市及居民区绿化；指导了园林设计，现场教学，以及北京、承德、江南园林参观实习等。这一切都凝聚了他的心血。汪先生的英文底子很好，但当时苏联陇恩茨著的《城市绿化建设》只有俄文原版。汪先生突击学习俄文，进而将书上的基本内容与中国当时的现实情况结合，为我们开设'城市及居民区绿化'课程。他经常开夜车备课，有时通宵达旦。第二天早上，双眼布满血丝却仍精神抖擞地为我们讲课。在传统园林的基础上使学科介入了城市绿地系统规划的范畴。我们第一次结合社会实践的课程设计——幼儿园绿化设计，是汪先生亲自指导的。江南实习使我们大开眼界，印证了传统园林的基本理论与手法。而今，我这已过古稀之年的学生，回想当时汪先生传道、授业、解惑的教学，真是受益匪浅。师恩浩荡，在于为祖国培养人才。"

汪菊渊精湛的教学质量也让孟兆祯印象深刻，他回忆道："汪先生的教学以课堂理论教学为主，在基本理论方面为学生打下全面、扎实的基本功。他搜集和制作了大量的幻灯片，当时还是6寸的玻璃片幻灯，没有幻灯片时就把参考图用反射仪展示给我们看。园林史，特别是西洋园林史，形象教学十分重要，后来我亲自踏查法国凡尔赛宫时就不感到陌生了。他也结合现场教学，让学生亲身经历优秀的古代园林来体验和印证所学理论，加以草测等环节，学习印象特别深刻。无论课堂或现场教学，我认为汪先生最突出的特色在于出口成章。不仅逻辑性强，而且概括、提炼和口头表达的能力特别强。笔记记下来就是一篇文章。他用词非常准确，观点鲜明、论据据理确凿。听他的课不仅可以学习到教学内容，无形中也在文才、口才和教学方法方面得到熏陶。我在行文和语言表达方面受到的这种教导和影响很深，并在教学中有意识地学习和实践，也得到了学生的肯定。这都是受益于汪先生。"

汪菊渊在上课之余，也同样爱护学生和提携青年。孟兆祯回忆汪菊渊在上课时严格严肃，但在课下像爱护子女一样爱护学生，在学习方面严于教导，生活方面却特别关心。孟兆祯写道："当时班上学生人数少，现场教学有时在外面吃饭，天热了他掏钱请学生吃冰棍。每到春节都要请一些不回家的学生到他家里过年。汪师母每年为我们做江南的汤圆，米浆和黑芝麻馅都是她自己做的，吃起来滑溜溜、香喷喷。饭后还让我欣赏他家的京剧老唱片及古典西洋音乐唱片，看他珍藏的图书，一片融洽气氛。头一次我因无酒量，只喝了一匙白酒就醉了。汪先生安排三轮车把我送回学校。此后，每年如此，直到汪师母生病。这些并不是物质的回忆，而是让学生感悟的精神，是令人难忘的师恩。”

汪菊渊也时刻不忘鼓励帮助后辈青年。据孟兆祯回忆：“20世纪60年代汪先生出差做园林史资料搜集和踏查时总带着我和叶金培。调查地点、内容、要求都有明确的交代，有时边看边讲，给我们开小灶，并鼓励我们年轻人写论文。记得一次在湖南开会，校友吴肇钊有专题研究计成兴造‘影园’之想，汪先生当即表示支持和鼓励，并提出了指导性、建设性的意见，还要我也参与讨论和提建议。对青年的学习和工作他也一贯是鼓励和提携，唯恐青年不成材。由于人事工作填表的需要，有一次组织上给我看了专家对我论文的评价。我看到汪先生写的‘他这篇论文虽然题目叫作《北海假山浅识》，但实际上对北海的山水在传统理论的基础上做了深入的分析’。他对青年教师微小的进步从来都是鼓励的。汪菊渊先生当选为中国风景园林学科第一位中国工程院院士，是人民对他数十年坚持教学第一线工作和卓绝贡献的回应。”

正是汪菊渊认为“中国园林有独特、悠久的历史”激励着孟兆祯继续挖掘、研究和发扬中国风景园林的优秀传统。孟兆祯感叹：“师恩浩荡也反映在桃李满天下，汪先生当含笑九泉矣。”

北京林业大学的陈有民教授和华珮琤教授曾在《中国科学技术专家传略》工程技术编、土木建筑卷1中介绍了汪菊渊的巨大贡献，在《忆汪菊渊老师音容笑貌》一文中较生动地再现了汪菊渊的人生。两位教授从才思文笔、兴趣性格、课堂风格对汪菊渊进行回忆。文中写道：“汪菊渊才思敏捷，笔速惊人，他工作繁忙，经常起草文章，头一天的任务，第二天就给我二三十页稿纸，要我抄写誊清。安静的办公室只要汪老师一写字就会听到如鸡啄米似的声音，大家常笑他的写法，他下笔既重又快，万马奔腾，一泻千里，但字迹非常难认。”

陈有民教授还回忆道：“（汪菊渊）在清华大学时被推选为营建系工会部门委员，负责文体工作。汪先生见教师们终日伏案绘图不利健康，就鼓励大家每日下午4:30后进行室外活动，从美术教研组开始到建筑设计组、工程组、建筑历史组、城规组，拉人出来运动。造园组只汪老师和我两人，他每周虽然只来住一天，但也必然参加。有时组织比赛，汪先生会

图 6-4　汪菊渊（右）与刘秀晨合影（刘秀晨 供图）

因输赢与其他年轻人同样争吵得不亦乐乎，充分显示出朝气蓬勃的精神和活泼的性格。”

汪教授的课堂风格也有二绝，“其一是课堂上不擦黑板，讲课速度较快，边讲边在黑板上写出英文名词和（拉丁）学名，由于过去没有教科书，学生必须详记笔记，当黑板写满后汪老师就采取‘见缝插针’法去写，学生在本上写完一句，一抬头已找不到第二句、第三句写在什么地方了，只好留个空行赶紧跟着往下记。大家知道这个特点后，再上课个个竖起耳朵紧盯黑板聚精会神地记，都练就一手快笔头本领。其二是讲课时他口中的烟卷不用手扶也绝不会掉落，边说边抽令人叹为观止。”

原北京市园林局副局长、国务院参事、中国风景园林学会副理事长刘秀晨（图6-4）在《我与汪菊渊先生相识的一些经历》一文中称赞，汪菊渊是一位伟大的人民教师，他培养了大批风景园林人才，成为这个学科和行业的国家栋梁。他回忆道：“汪老是我们敬爱的师长，崇敬的先辈，是园林学科的主要创始人，是中国园林史上一颗璀璨的星。汪老一生淡泊名利，耕耘学术，辛培晚辈，正直善良，堪为师表。”

他还说汪先生的学者风范与和蔼可亲的态度令人感动。“我第一次见到汪菊渊先生，是在1965年春天。21岁的我作为北京林学院园林系61-1班的学生，在地坛公园改造规划的毕业实习汇报会上，代表年级课题组11个同学在地坛管理处的老庙房里，由陈兆玲老师（实习辅导老师）带领来到了会场参加答辩。听取答辩的老师中最显眼的就是汪菊渊先生，另一位是北京市园林局的李嘉乐先生。在这之前我们11个同学分别出了方案，陈兆玲老师认为我的方案尺度把握准确，思路比较清晰，让我综合了其他方案的优点代表大家讲解规划基本思路。当时的一些细节已经记不清了，但其中的一幕却还记忆犹新，针对重新规划地坛公园要不要扒掉坛墙的看法，当时社会上争论很大，汪先生十分关注，让我谈谈想法。现在说这件事大家想必不知道当时的背景，针对封建园林抱残守缺的批判不绝于耳，晚报上登出要推到坛墙的一大堆文章，要不要保留坛墙也成为同学之间争论的焦点之一。我当时想，好端端的坛墙为什么要拆呢？起码是个浪费，当时对文物保护的意识还没那么清楚。实习期间针对这一争论我斗胆向北京市政府写了封信。市政府信访办专门派人找我谈话了解情况，表示了保留坛墙的支持意见，因此我心里比较有底。汪先生与我一问一答谈到对待文物的看法，对我的意见连连点头并赞许有加。那天，我看到的是一个具有学者风范，和蔼可亲，没有一点架子的好老头。”

《风景名胜》刊物记者陈大卫在《一代宗师，业绩永存——沉痛哀悼汪菊渊先生》一文中也提道：“汪菊渊先生是园林教育界的一代宗师。他自幼聪颖，勤奋好学，酷爱音乐、体育，精通外语，立志在科学上有所成就；他对理想不断追求和探索，从学化学转学农艺、园艺、园林，并深入史学领域，博古通今、造诣至深。从20世纪30年代起，他就在园艺和园林教育界辛勤耕耘，我国许多园林和园艺界知名专家都聆听过他的教诲。他在教学中强调发掘、继承和发展中国风景园林的民族传统，建立具有中国特色的风景园林学科体系，培养了大批优秀的风景园林专家和领导人才，这些人正在全国风景园林事业中发挥着骨干作用，可谓桃李满天下。他所创办的风景园林学科，已经成为与建筑学、城市规划学并列的一门重要学科；他所创办的造园专业，现在已经发展成为北京林业大学园林学院。他多次出国访问、讲学和参加国际学术会议，为中外风景园林文化交流作出了贡献，在国外风景园林学界享有盛誉。”

此外，在《缅怀汪菊渊先生》一文中，陈大卫叙列了风景园林行业的前辈学者对汪菊渊的评述。

北京林业大学教授孙筱祥评述汪菊渊：“鄙人与汪老共事，历四十余个春秋，眼看汪老为祖国的园林绿化事业和教育工作辛勤耕耘近半个世纪，作出了很大贡献。”

北京林业大学教授孟兆祯评价汪菊渊是“中国风景园林教育之父”“为人师表，德高望重”。

深圳市园林绿化研究组顾问叶金培说：“汪菊渊先生是我的指导老师，是他指导我整个研究生期间的学习与研究。当时我才21岁，而汪先生也才四十几岁。汪先生给我最深的印象是他的学者风度，一个典型的正直

图 6-5　工作余暇的汪菊渊（汪原平 供图）

的中国知识分子形象（图6-5）。汪先生对中国园林艺术传统的研究有着极深的造诣，但给我更深感受的是他那致力于古为今用的创造精神。”

二、德厚如渊

汪菊渊一生德行兼备、修德授学、品行信念高尚。根据李敏教授在《菊映华夏，德厚如渊——纪念汪菊渊院士诞辰100周年》文章中回忆，在2013年10月7日，“借古开今——清华大学风景园林教育发展座谈会”会议上纪念汪菊渊院士诞辰100周年，许多年逾古稀、德高望重的前辈专家，尤其是91岁高龄的吴良镛院士等老一辈学者，对汪菊渊的教育德行有极高的评价。

文章回忆道：“汪菊渊是中国风景园林学的奠基人，他一生教过的学生有许多，桃李满天下。不过，由于历史条件的限制，在他名下直接指导的园林专业研究生却只有两人。师兄叶金培是1962年入学，不过那时中国还没有实行学位制。1978年我国开始招收硕士研究生，当时汪先生已经不在北京林学院任教，我在1981年秋通过了硕士研究生全国统考后于1982年春入学，学校特聘汪先生出任导师，前后间隔整整20年，我也算是他的关门弟子。由于当时汪先生还在北京市园林局做领导，公务繁忙，他又让学校安排孟兆祯先生做我的副导师，使我在校随时能得到良好的学习指导。在一个人的教育经历中能有幸先后师从3位院士做研究生，这在中国园林教育史上迄今仅我一例，以后恐怕也很难再有重现了。”

李敏教授还讲述了汪菊渊的言传身教对他在专业和人生阅历上的影

响，汪菊渊的爱国之情和勤劳奋斗的精神让李敏印象深刻。据李敏回忆：“研究生毕业后，我被分配到北京园林局科教处和总工办工作，专职做汪先生的科研助手，直到1989年南下广州。期间，我还按照汪先生的建议到颐和园工作了一年，实地了解和深入学习中国古典园林造园艺术。感谢上苍，让我有机会在汪先生身边学习和工作了7年多，亲身体会和感悟大师的智慧与风范。尤其是1982年后汪先生让我参加《中国大百科全书：建筑·园林·城市规划》的图片摄影、“现代公园”条目编写，以及《中国古代园林史》的部分研究工作，并跟随他走遍了祖国大地进行专业考察。从冰封千里的齐齐哈尔，到椰风醉人的海南三亚；从川藏高原的黄龙九寨，到虎踞龙盘的古都南京——追随在他身边的耳濡目染，使我在专业知识和人生阅历上都受益无穷。”

“汪先生对我的言传身教，给我留下最深刻教益的有两个方面：第一是他的爱国之情，第二是他的勤奋之力。先生爱国，既表现在他对科教兴国的理想不懈追求，也体现在他以国家事业为重、身体力行承担公务与学术、勇挑重担的业绩上。汪先生早在年轻时就立志要为中华民族的崛起而奋斗，毕生致力于中国风景园林学的开拓和学科理论建设，他曾多次对我说，要努力深化中国园林学的学科体系研究，力求在发扬祖国优秀园林传统的基础上与国际接轨，达到相互沟通。他曾经跟我详细讲述过1934年参加庐山植物园创建的经历，还有1957年带团出访英国参加国际公园协会成立大会的事。那是中华人民共和国的园林专业工作者第一次组团参加国际组织的活动，为国家赢得了尊严和荣誉。”

“1993年，我到清华大学建筑设计提高班进修期间，汪先生又推荐我继续跟随吴良镛院士学习深造，攻读城市规划与设计专业（风景园林研究方向）的博士学位。吴先生对汪先生非常尊重，交情很深，曾带我专程到汪先生家中拜访，商讨博士论文选题和研究内容，并邀汪先生共同指导和参加论文答辩。不料，在我博士论文答辩的前几个月，却传来了汪先生仙逝的消息，留下了永久的遗憾。多年以来，每当我回想起这些往事，汪先生的音容笑貌便会浮现在眼前，心中涌起无限崇敬与感激之情。”

“汪先生治学严谨，一生勤奋，做事精益求精。我在他身边学习和工作多年，常有机会陪同他出差。只见他无论走到哪里，随身都要带一包书，一有空就是手不释卷，即使在火车、轮船的包厢里也不例外。在野外考察时，他总是带着照相机和笔记本，随时记录所见所思。对一些重要的名词概念和专业术语，他都要认真推敲之后才表述意见。1982年春，在我刚上研究生时，他要我到北京图书馆去借阅一本世界园林史名著——*A History of Garden Art*（Marie Luise Gothein），并整本复印回来，足有好几千克重。他还专门为我写了读书要点和思考题。我花了将近一年的时间才啃完了这本大书，期间，我要每月向他汇报一次读书心得并请教释疑。汪先生勤奋、严谨的治学精神，令我受到深刻教育并受益终生。”

“汪先生曾多次教导我，园林学是一门为增进人类生活舒适、方便、健康服务的学科，一门对改善国土与城市生态及大地景观能起重大影响的学科，其发展特点在于它的兼容性、实用性与社会性；作为一个园林学家或园林工作者，首先必须热爱生活，然后要学会生活和享受生活。他特别喜欢车尔尼雪夫斯基的一句名言：美即生活。汪先生喜欢听西方古典音乐和吟诵中国古代诗词，喜欢在海滨沙滩漫步和山间树林中游憩，喜欢欣赏大自然的神奇造化和美丽的乡野景色。1986年，当我的处女作《中国现代公园——发展与评价》书稿付印之时，先生欣然提笔作序，并对书中提出的‘园林与社会生活同步前进’观点给予了充分肯定和鼓励。”

李敏教授对汪菊渊的教育理念和为人德行作出了至高评价，他称赞道：“菊映华夏，德厚如渊。汪菊渊一生谦虚谨慎、宽厚坦诚、高风亮节、为人师表的大家风范，为园林学科教育付出毕生心血，深受学生的爱戴和缅怀，为后人树立了一个中国科学家和人民教师的光辉榜样，成为后人学习的表率和典范。”

汪菊渊德行合一的高尚品格和严谨独特的办事方式影响了许多人，他的贡献和事迹让人们受益匪浅，激励很多学生奋斗终身。

原北京林业大学园林学院的教师张守恒和陈兆玲在《忆汪菊渊老师》一文中回忆道：“20世纪70年代末，我们移居香港。在香港我们两次见到汪老师。20世纪80年代初，汪老师随北京市园林局到香港参加盆景展出，他的工作十分繁忙，还接受了英文报记者的访问，登载在主要的英文报刊上。我们本拟陪同他进行香港一日游，他也抽不出空档。离别时，递了一封余静淑老师（汪夫人）给我们的信，原来汪老师身体不太好，余老师托我们在生活上多加照顾（图6-6）。我们当时仅把重点放在园林事业上，没有问及汪老师身体状况，甚感歉意。汪老师仅一笑置之，表示身体全无问题，不必麻烦我们。另一次大概是1994年，汪老师到澳大利亚探亲，回程由外孙女陪同经香港回大陆，在我们家停留了两三天。那时汪老师已逾80高龄，经长途乘机后，仍精神饱满，侃侃而谈畅游大堡礁的经历。他的一条腿有点不太方便，还坚持利用这次机会看看香港园林，补回前次的欠

图 6-6 汪菊渊和余静淑一起考察扬州瘦西湖（汪原平 供图）

缺。没想到这次迎送竟是我们与汪老师的最后一次见面。汪老师开朗和勤奋好学的个性，坚强、创新、发展的进取精神，一生对园林事业的热情以及高瞻远瞩的眼光，令我们敬佩。”

时任中国勘察设计协会常务理事、中国风景园林学会常务理事刘少宗回忆：“汪先生为了办好这个专业，曾与全国有关单位和人士进行多次联系，聘请教师。为了能让我们这班学生学好，又从中国科学院和清华大学的其他系聘请老师来开课，像市政工程、测量学、植物分类、园林艺术、造林学、园林管理等都是聘请外系、外校的老师来上课。当时教授我们8名同学的先后有十几位老师。1952年暑期实习，我们去了江南的5个城市，都是汪先生为我们安排的。在上海时他与我们同吃同住在机关单位。到一些单位考察访问时，大多数同学听不懂南方话，他还为我们做翻译。那时的实习很辛苦，很少有车坐，每天要走很多路，南方的天气很热，学习也很紧张，汪先生就在饭前饭后和我们聊天，给我们讲笑话，使我们的情绪变得轻松而欢快，师生之间也更加亲切。”

“汪先生对于我们晚辈在写作方面既严格要求，又热情支持。我在《中国大百科全书》中负责两个条目，由于工作比较忙，又几经修改，看上去很难完成。汪先生作为主持这部园林卷的负责人，坚持要进行最后的修订，同时组织别人协助我完成了这项任务。直到现在每当看到这段文章时心里总有些不安。1995年夏季，在我写完了《北京园林优秀设计集锦》的总论后，很想得到汪先生的指教。因为他负责了多年的北京园林工作，又是我的老师。但他年事已高，又患糖尿病多年，身体不太好，遵医嘱每天只能撰写《中国古代园林史》这部巨著两个小时。就在这种矛盾的心情中我将稿子发出去了。不想没过几天汪先生打来电话，告诉我文章写得不错，并且给我补充内容：1868年外国人在上海建立公园前后，中国人自己也建立了公园。他在电话里给我念了两遍这些公园的名字。遗憾的是在这本书面世的前几天，他已离我们而去。他在电话里的这些叮嘱也成了最后的教诲。”

北京林业大学教授杨赉丽在《永久的怀念——忆恩师汪菊渊先生》一文中写道：“从我个人接触到的汪先生，深感其家学渊源，具有过人的领悟能力和长期刻苦钻研的精神，在专业领域中有很深的造诣。他的言传身教深深打动了年轻的一代，他一贯提倡并教育我们，园林学科不是单纯的理论性科学，而是一门文理交融的理工科。由于具有工程技术的成分，不能脱离实践及宽广的科学知识和艺术知识基础的要求。他积极并及时地分批组织青年教师到生产第一线，下放到北京市园林局设计室、园林施工队参加生产实践劳动。这些都是在我们一生中不可多得的基层实践机会。他曾经为我联系到首都规划委员会规划组去进修。1956年春，清华大学请苏联专家阿凡钦柯教授举办讲习班，每周一个上午，他又为我报了名。我自北京农业大学罗道庄骑车到清华园，在顶着西北风蹬车时，真有点气馁退却之想法，但一想到汪先生的嘱咐，想到他对年轻一代的希望和教学重任，我还是鼓足勇气坚持听课，直到1957年课程告一段落。迄后，他又提出要梁永基先生和我到北京大学生物系听植物生态学课程，到林业系听植物地理学，到水土保持系等院系学习有关生物工程学科的课程，等等。他指定的本科教学计划中列出三大系列：植物科学、建筑工程和美学。这强调综合性学科的性质。北京林业大学半个世纪以来的办学实践，充分说明园林学科知识结构的多种学科交叉的文理兼容的性质，具有鲜明的中国文化特色，汪先生的这个思想引导我们直接进入世界前沿的创新领域。”

“他为人很大气，绝对不会对一些小事计较。他从未在背后贬议他人。他眼界开阔，心胸也宽阔，有主见却没有成见。汪先生的学识渊博不仅表现在科学技术知识方面，而且对新鲜事物十分敏感。在我们共事的过程中，造园教研组内常有些争论不休的问题，他听完各人的论点后，会用独特精辟的见解解释清楚，从不隐瞒自己的观点，往往使我们心服口服。对在早年间众所周知的遭遇，他从不埋怨，其实他很理解某些事情的公正与不公正，能正确对待。我不止一次听到他与别人谈道：‘像我这样未曾出国留学，而能提升教授（1956年汪先生在北京农业大学晋升），我十分感谢祖国对我的信任。’20世纪50年代，汪先生加入民主同盟组织，使他更加坚定积极地投身园林事业。1995年他被遴选为中国工程院院士，因多年糖尿病的折磨，他的课题最终未能完成便离我们而去。多年积累下来的几十本资料，如今也将由其后人整理出版，这将是对他在天之灵最大的安慰。”

清华大学教授朱钧珍在《纪念汪菊渊先生逝世10周年》中回忆汪菊渊的言行对他产生了深刻的影响，“此外，我曾亲自听汪先生讲过，中国园林的发展有3000年历史，但园林作为一门学科，只是百余年。这句话我听了之后，虽不懂但又有兴趣，但是一直未见到他关于这个问题的文字记述，也未能在当时向他请教详情。现在当我已达耄耋之年仍在思考和研究时，就想到这个问题，已在进一步研究学习。如能有所发现，有所成果，则可告慰老师，这也是我对恩师的一份难忘的、深切的纪念。”

“汪先生在我们学生眼中是不苟言笑、比较严肃的，但他具有年轻化的作风，至今我还记得他在清华学堂前打球的情景。1953年暑期，他带我们去避暑山庄毕业实习，旅途中，我带了一套3册的苏联小说《远离莫斯科的地方》，汪先生见了就向我借阅，我当即就给他了。到了第二天他就还给我了。我惊奇地问汪先生：‘您看得这么快呀？’他说昨夜他一直看到三点钟，就把它看完了。第二天他照样精神奕奕地带我们去现场踏勘，其实，他当时大概也有40岁吧，很有年轻人的活力。”

“汪先生虽然在平常生活中话语不多，但偶尔也说一两句很精辟的玩笑话。由于我们班人少，又一同出去实习，不免要谈些课外的事，不记得是哪位同学说起来，我们很快就要毕业了，接着就会各奔前程，也会各自成家立业……大家七嘴八舌地闲聊起来，只记得汪先生就说了一句：‘将来你们结婚时，我给你们每人送一对枕头套。’大家当玩笑地哈哈大笑起来，后来，当我结婚时，真的收到了他送给我的礼物——一对精美的枕头套，可见汪先生在严肃中也渗透着对学生的关怀与爱护。”

“20世纪80年代后期，一次我去汪先生家拜望他和师母，正遇到他谈起青海的姚景权先生邀请他去青海开会的事，我听后，不由得随口就说出了一句我也想去青海。他马上就说正好，他有事不能去，让我代他去。随即就给姚景权先生写了一封信，说明他因事不能去，由我代他去参加，还说了谢谢他的话，最后写了一句：由我代他感同身受。这一句话使我深深感到汪先生对我的信任与鼓励，后来虽然我也没去，这封信却仍然被珍藏着。我永远也不会忘记老师对我的教导和鼓励，我将像飘浮于中华人民共和国园林事业大海中的一粟，永不停歇地学习和研究，以不辜负汪先生等先辈们对我的期望。”

中国城市规划设计研究院原副总工程师、中国风景园林学会常务理事刘家麒在《师恩如海，没齿难忘》一文中回忆汪菊渊对后人的影响：“那时造园专业正处于开创阶段，教师不多，汪先生既要讲课，又担负行政事务，还要考虑整个专业的课程设置、师资培养，工作的繁重是可想而知的了。他总是不急不躁，和蔼可亲。他教授的是造园史课程，内容十分丰富，包括造园艺术概论、西方造园史、中国古代造园史和苏联城市绿化。边讲课边编讲义，每次上课之前发下油印讲义和插图的蓝图。这份讲义的中国古代造园史部分，北京林学院在1976年以后曾铅印出版，其他部分从来没有出版过。我保留至今，十分珍贵。”

“汪先生除了自己讲课外，对其他课程也很关心，时常了解学生园林设计课的成绩。1955年暑期，我们的毕业实习，由汪先生带队做济南大明湖规划。汪先生领着我们对大明湖的自然地理、历史文化和城市以及周边其他风景名胜的关系，做了大量深入的踏勘调查，作出的规划受到当地领导的好评。”

汪菊渊开创了风景园林学科，在学科教育上的贡献不可估量，他为人德行高尚，作为教师有独特的教学方法，作为长者又无私提携，行政上思路清晰。他的优秀品德潜移默化地影响了许多后辈，他的卓越贡献为后世的风景园林事业奠定了坚实的基础。

第三节

园林史研究开拓者

汪菊渊作为我国风景园林学界德高望重的学术带头人，学识渊博、腹载五车，一生发表了大量学术论著，被誉为“中华人民共和国成立以来研究中国古代园林史的第一人”，为风景园林学科的发展、中国古代园林史的研究作出的贡献之大堪称不世之功。他晚年的巨著《中国古代园林史》现作为中国古典园林领域最具影响力的三部专著之一，摆放于苏州园林博物馆中，与童寯的《江南园林志》、刘敦桢的《苏州古典园林》同列，是园林学界弥足珍贵的财富。

汪菊渊对中国古典园林史研究的过程充满困难与挑战，这更反映出汪菊渊成果的来之不易。汪菊渊于金陵大学担任助教时，因偶然借阅了计成的《园冶》而对中国古代园林产生了兴趣，后来一直有心搜集相关资料。尽管相关史料既浩繁又分散，缺乏整理和汇集，但汪菊渊仍然坚持在繁忙的工作中抽出时间，不惧艰苦条件，埋头苦干，潜心从最基本的资料搜集、梳理做起，终于为《中国古代园林史》的整理汇编打下了坚实的基础。

汪菊渊对于学科奠基之作是非常严格认真的，对史料的考证总是反复核对，绝不简单了事；对于古代园林遗址的勘查和现有园林的调查，都是深入一线，亲自操作，一丝不苟。汪菊渊在写出《中国古代园林史》油印讲义之后，更是决定将其作为一项博采众长、汇滴水以成川、成就大业的科学策划，目的就是团结研究中国古代园林史的专家，并带动、培养一批中青年，也反映出他的远大格局。

一、以史为鉴

中国古典园林是华夏文明的重要组成部分，数千年来，每一朝代均有名园佳景呈现，前后相继，蔚为大观，形成了不同的园林类型和地域风格，集多重艺术于一体，达到了极高的艺术成就。明清时期以来，关于园林记述的书籍很多，还诞生了《园冶》这样高水准的理论总结之作，但始终未出现一部融汇古今的园林史专著。就学术研究而言，撰写一部具有学术意义的通史则是十分艰难的宏大工程，非常人所敢想敢为。尤其是古典园林这样涉及面极广的领域，难度更大，这也是国内迟迟无相应专史出现的原因之一。汪菊渊投身于中国古典园林史学研究，潜心搜集资料，以史为鉴，注重“史识、史料、史笔”三大要素，研究过程更为艰辛与不易，为中国古典园林研究积累了丰硕的成果。

孟兆祯作为汪菊渊的学生，也在文章中叹服汪菊渊对史料考究时科学严谨的态度：“科学的历史研究是从史出论。汪先生的科学态度反映在他把搜集的史料原原本本地交给读者，他有他的观点，你也可以借他提供的史料别有论点。因此有些史料是很完整地摘录下来。其中有些字词现已很难理解，有些文字非常艰涩，譬如唐代山西绛守居园林，其中有些历史材料，我辈不下蚂蚁啃骨头的功夫是弄不懂的。那么这部园林史搜集了多少地方、多少园子、多少古籍，读者阅后自然明白。因此，这本史书的内容是非常丰富的，做到了尽可能地全面搜集，系统整理。”

时任《风景名胜》一刊的编辑陈大卫曾在汪菊渊编撰《中国古代园林史》时进行采访，其文中写道：“他在金陵大学担任助教时，偶然间在图书馆发现计成的《园冶》，读完后爱不释手，从此便对中国古代园林产生了兴趣，后来有心搜集这方面的资料。到北京工作后他有机会考证很多古建筑，如颐和园、故宫、长城、十三陵等。”陈大卫在追忆汪菊渊的文章中还写道：“那时汪先生行政事务很忙，经常要下乡，有些地方还背着铺盖睡到老乡家里，教课只好放在五六两个月份，每周上3天，每天讲5个小时。他笃信读万卷书，行万里路，全国除西藏外，他都实地考察过（图6-7），尤其对江南一带的古建筑更为清楚。编撰一部巨著，乃是他多年的夙愿。为了让这部巨著早日付梓成册，汪老每天除整理编审书稿外，还坚持写两小时文章，坚持走6华里[1]路——从长春街到宣武门图片社。真可谓老骥伏枥，志在千里，烈士暮年，壮心不已啊！”

创办新学科后，汪菊渊以一己之力担任了许多专业课程的教学工作，其中便有中国造园史。北京林业大学园林学院教授杨赉丽回忆恩师时写道：“由于古代园林史料，没有像其他学科那样有历史资料整理并出版的

1　1华里=500m。

图 6-7　汪菊渊在新疆苏公塔礼拜寺考察（汪原平 供图）

积累，而相关的史料既浩繁又分散，缺乏整理和汇集，远远不能满足对中国古代园林认识的需要，所以汪先生在研究过程中，就只有从最基本的资料搜集、梳理做起，导致大量研究工作停留在手工业式小生产的水平上。由于他的中国古代文化艺术的修养是一般同志都达不到的水平，经过长期埋头苦干，汪先生为《中国古代园林史》基础资料的整理汇编打下了坚实的基础，这是他对中国园林史研究所作出的重大贡献，必将令后人受益于永远。”孟兆祯院士也在怀念汪先生的文字中以“汇滴水为川”来比喻其研究中国古代园林史的难度之大，他写道：“当时中国园林史和西方园林史没有专著，最多只有史纲性的一些资料，大量的内容藏在浩如烟海的各类书刊内。汪先生耗费滴水为川的功夫，为我们写出园林史的手刻油印教材，这是中国系统和全面地编写园林史教材之肇端。”

据时任中国风景园林学会常务理事刘少宗回忆：“汪先生走上北京市园林局领导岗位后，一方面处理机关的日常事务，一方面还在北京林学院兼课；与此同时他始终坚持对园林理论和园林史的研究。汪先生治学严谨而且勇于开拓，在他编著的《中国古代园林史》中每每见有诸如文人山水园、山水宫苑之说，都是经过大量史实考证、整理和归纳之后提出的独到见解，使我们后来者在读到这些著作时，更容易理解和领悟。汪先生这些文章在今天每读一遍都会有更新的体验和收获，足见其真知灼见，造诣至深。”

二、吞山怀谷

汪菊渊以精诚之道做学问，以穿石之心做研究。1942年，汪菊渊的学生陈俊愉由于工作调动离开成都，临别时汪菊渊对陈俊愉说："你把梅花研究接着搞下去吧。至于我，已决定专心致志地研究中国园林史了！"岁月如梭，不败壮志，原北京市园林局副局长张树林在回忆恩师时写道："此时汪老已70岁高龄，但由于他有事业上的追求，精神和身体都很好，锐气不减当年，除必需的行政和社会工作外，主要精力集中在继续潜心研究和探索中国古代园林史上。汪老治学严谨，对史料的考证总是反复查对，绝不简单从事，对于古代园林遗址的勘查和现有园林的调查，都是深入一线，亲自操作，一丝不苟。汪老学贯古今、中西，是中国园林界难得的博学人才，他不但对中国古代园林有深入的研究，同时对世界园林和中国现代园林也有全面的了解和独特的见地。"

陈俊愉院士在为《中国古代园林史》一书作序时写道："汪师为《中国古代园林史》长期搜集资料，不懈地开展调查研究。他的这一系统工程，实有其突出的特点：一是他在教学、研究、筹办专业多方繁忙之际，结合园林史教学备课、编讲义等而开展园林史研究；二是他在长期担任繁重行政工作（如北京市农林水利局局长、北京市园林局局长、北京林学院城市及居民区绿化系副系主任等）的同时，挤出时间来开展有关调查研究；三是汪师在对我国古代园林史进行资料搜集与调查研究时，特别重视组织有关同行，开展协作，发挥集体智慧，及时讨论、小结。他对现场调查、研究，最为重视，为了编著《中国古代园林史》，几乎跑遍了有关城市与名山大川，以现场调查所得来验证并丰富原有资料，终于集腋成裘，豁然开朗，成为编著本书的可靠素材。"由此可见汪菊渊对中国古代园林史的研究志趣之深，付出心血之多。

孟兆祯院士也在文章中称赞汪菊渊为研究所付出的心血，据他回忆："同行的人都深知，有关中国风景园林规划与设计的材料分散在广阔的各类书籍中。要编写就要下汇滴水成大川的功夫，还要到图书馆、旧书店、书摊等处去淘。汪先生搜集了满书柜的书，包括诗、画、游记、杂论等。把尽可能搜集到的资料搜集到手，是一项艰苦而又甘甜的工作，不少被汪先生从地摊上寻觅来的旧书为研究提供了大量史料。"

孟兆祯院士还回忆："基于爱国主义思想的支撑，汪先生以他毕生精力投入中国古代园林史的研究。我案前的这两册《中国古代园林史》反映了他的志向和学识。”

原建设部风景名胜专家顾问张国强也在汪菊渊百年诞辰之时，回忆起汪菊渊在园林史研究方面的突出贡献与其敢为人先、一丝不苟的科学态度，他提道：“汪师在30岁时已决定专心致志地研究中国园林史了。毕其一生，完成了210余万字的《中国古代园林史》巨著。园林史研究是在学科建设、教学编本、行政任职三者交织中进行的，经历过造园与绿化之变、造园与园林之争、园林与生物学之斗，还有院士的社会活动所形成的时间压力。20世纪80年代又组织行业力量，整合老、中、青三代人才投入全国性的调研与总结之中。汪老以其坚韧不拔的精神，克服崎岖道路上的种种困难，创造出园林史、园林学科、园林人才三丰收的时代成果。我辈以青年学生开始，即受益于这种精神与活动，体悟到人类先贤典籍的能量，学习着从中探寻原生文明的价值和内生动力优势，启迪出自觉、自信、自立的发展精神。”

《中国古代园林史》一书在学界的地位不容撼动，正如文津出版社副总编辑王忠波在文章《吞山怀谷：一部得窥造园门径的通识性著作》（图6-8）中所提到的：“在苏州拙政园的苏州园林博物馆中，摆放有中国古典园林领域最具影响力的专著三部，汪菊渊代表作《中国古代园林史》（上、下卷）作为园林史代表作名列其中，与童寯《江南园林志》、刘敦桢《苏州古典园林》同列，可见在学者心中，其分量之重。”

图 6-8　汪菊渊《吞山怀谷：中国山水园林艺术》
（黄晓 供图）

朱钧珍在《纪念汪菊渊先生百岁冥寿》一文中对汪菊渊高度评价：“虽然汪先生生前未能看到他的巨著《中国古代园林史》的出版，十分遗憾。但这套书材料丰富，梳理清晰，论述精辟，堪称传世之作，惠及后人，甚至也将中国园林文化推向了世界舞台。”

张守恒、陈兆玲夫妇在《忆汪菊渊老师》一文中回忆：“我们也看到植物园内书店和图书馆都有介绍中国古典园林书籍的英译本，汪老师为 *Classical Chinese Garden*［《中国园林艺术》（英译本）］写了序言。他概要地介绍了中国园林史，在结束语写道，中国园林艺术是最重要的文化遗产，我希望这些遗产会吸引所有人们的关注。”目前，园林专业已发展成为规模空前的园林学院；中国园林也冲出亚洲在世界各个主要国家相继落成，成为世界人民的共同财富。汪菊渊的宏愿业已实现了。陈俊愉院士也写出“一代宗师专业创办德文天下仰，毕生心血锲而不舍园史万世传”来表达对恩师研究成果的崇敬。

汪菊渊在学界留下了丰硕的成果，备受后人尊重，在人格魅力上也令人折服。在杭州市园林文物局局长施英东的回忆里，汪菊渊是园林学界一代宗师，学坛泰斗，“作为他的学生，先生也是我最为尊敬的长者，先生对中国现代园林学科体系的开创性贡献足可载入史册。先生知识渊博，学术造诣精深，从20世纪50年代撰写的《中国园林史纲要》和《外国园林史纲要》，直至浩浩巨著《中国古代园林史》，几十年来，先生孜孜以求，献出了毕生的精力，成为园林学界弥足珍贵的财富。”由此可见，汪菊渊一生严谨的治学态度、谦逊的待人之道、清廉守志的作风、高风亮节的品格，均为后辈楷模，影响深远，令人敬仰。

第四节

园林绿化事业推动者

园林绿化作为为城市居民提供公共服务的社会公益事业和民生工程，承担着生态环保、休闲游憩、景观营造、文化传承、科普教育、防灾避险等多种功能，是促进现代和谐社会建设的重要载体。早在中华人民共和国成立之时，汪菊渊就已经充分认识到园林绿化事业对未来人居社会健康发展的重要性和紧迫性，积极参与和开展园林与花卉相关的学术研究，组织建设园林绿化产业发展，在我国的风景园林建设事业中身兼数职。汪菊渊曾担任北京市农林水利、园林局局长等重要职务，在园林花卉与园林绿化事业发展过程中有着举足轻重的地位，还曾兼任一系列学会秘书长、副理事长，为引领我国风景园林学会相关的事业建设和发展贡献了巨大的力量（图6-9）。

图 6-9　1982 年，中国建筑学会园林绿化学术委员会工作会议留影（二排中间为汪菊渊）
（汪原平 供图）

汪菊渊这一生都在为我国的园林花卉绿化事业做贡献。我国是花卉生产大国，园林花卉产业既是美丽的公益事业，又是新兴的绿色朝阳产业。汪菊渊不辞辛苦地参与各项重大的园林学术研究和花事活动，组织中国花卉协会和有关部门联合进行征集中国花卉名录的工作，积极推动我国园林事业的发展和振兴花卉产业，极大程度促进了花卉事业在学术层面和经济产业方面共同的大发展。园林花卉产业在改革开放的时代应运而生，并伴随着改革开放的深化而不断发展壮大。

一、身兼数职

汪菊渊一生为国家的风景园林建设事业作出了重大贡献，他身兼数职，曾担任过国家政府部门的领导和顾问，历任北京市农林水利局局长，北京市园林局局长、总工程师等。他还曾兼任中国园艺学会秘书长、副理事长，中国花卉盆景协会副理事长、理事长，中国建筑学会园林学会副理事长，中国风景园林学会副理事长、名誉理事长，并在1995年当选为中国工程院院士。

在学术方面，汪菊渊积极倡导和创办了一系列园林学会，包括中国园艺学会、中国园林学会和中国风景园林学会，并主持和指导创办了《园艺学报》《园林与花卉》《中国园林》《花木盆景》等刊物，为学会的建设和发展作出了巨大的贡献。在园林事业发展方面，汪菊渊对北京市农林建设和园林绿化建设事业作出了重要的贡献。他在担任北京市农林水利局和园林局主要领导职务期间，一直十分关注我国风景园林绿化事业的发展，对自然文化遗产资源的保护管理，对园林绿化的功能、效益及其经济建设、环境建设方面的作用和地位等进行了深入探讨和研究，为国家的风景园林建设事业作出了重大贡献（图6-10）。

汪菊渊不论担任什么职责，都始终保持着好实践、好思考，行万里路、读万卷书，生命不息、战斗不止的精神风范，他是我们需要学习的楷模。缅怀他为推动园林事业的发展作出的巨大贡献，是为了更好地继往开来，进一步发展中国的风景园林事业，建设美丽中国。

凡是与汪菊渊有过交往的人，无一不被汪菊渊的大家风范所感动。在汪菊渊的朋友中，既有国内外知名的学者，也有爱好园林和花卉的普通工人。汪菊渊待人真诚、热情、有求必应，许多人在园林业务技术方面都得到过汪菊渊的鼓励和帮助。汪菊渊不仅是一位知识渊博的学者、一位可敬可亲的良师益友，还是一位躬身践行的实干家。汪菊渊主张独立思考，敢

图 6-10　汪菊渊实地考察（汪原平 供图）

于创新，要求勤于学习、善于学习，既要重视理论学习更要重视实践经验的积累，特别强调业务方面的领导者必须具有丰厚的知识和深入实际调查研究的能力。

在《可敬可亲的良师益友——纪念汪菊渊先生逝世10周年》一文中，据张树林回忆："我自1956年入北京林学院园林系学习，至1996年汪老过世，曾经在3个时期与汪老有过较长时间的接触。汪老的言传身教使我受益匪浅，终生难忘。20世纪50年代中叶，汪老正值不惑之年，英姿焕发，才华横溢。当时他任北京市农林水利局局长，政务非常繁忙，但汪老为了培养国家紧缺的园林方面人才，一直坚持在学校授课。汪老是园林专业教育的创始者，也是我国园林学学科理论的奠基人，从汪老的授课内容中我们能深切地体会到他对专业的热爱与执着，体会到他对学生们的爱护并寄予的殷切期望，因此我们大家都非常敬重他。给我印象最深的是入学的第一堂课，由汪老给我们这些初入学院大门的学生介绍中国园林。他深入浅出，谈古论今，让我们的思绪跟随他一起进入了一个全新的领域，是一次非常生动、精彩的园林启蒙教育课，同学们都感到收获很大。也就是从那时起，我奠定了自己要献身于中国园林事业的思想基础。1983年，我被调到北京市园林局任副局长，这对我完全是一个陌生的环境和岗位。离开大学的校门，我一直在基层工作了18年，承担如此重任，思想非常紧张。当时汪老任北京市园林局的总工程师，在北京乃至全国都德高望重，既学识渊博又有着丰富的从政经验。他十分理解我当时的心情，主动关心我的工作。每逢工作中碰到难题时我就向汪老请教，他总是耐心细致地帮我分析并提出建议，不但指点我如何处理具体事务，同时还教我如何做一个合格的领导者。”

中国花卉盆景协会秘书长傅珊仪也在《纪念汪菊渊理事长》一文中提起汪菊渊低调谦让的平和性格与他凡事必躬亲的实践态度，据他回忆：“在生活和待人方面，汪老是最平凡平和的，他低调谦让，有一次收到一份建议书，汪老说第二天到现场去看一下再研究。第二天我对汪老说局里的车都安排出去了，咱们明天去吧，汪老说没车就坐公共汽车去，他经常坐公共汽车的，走吧。我就跟着走了，到了车上，因为汪老有许多白发，有一位乘客给汪老让座，汪老却对我说，女士优先吧，就让在一边。我是肯定不坐的，也让开了。结果被别人坐下了。我们下车后，汪老对我说，他的腰、腿都很好，以后只要不太远，就别去要车了。我听了很感动。汪老岁数比他大，还主动让车，人比人就是不同啊，后来局里车多了，才改善了出行条件。”

中国花卉盆景学协会成立后（图6-11），汪菊渊一直在傅珊仪的办公室里办公，有时多省市的人来反映情况很不方便，傅珊仪当时快到退休年龄了，协会要求汪菊渊另找个地方办公。关于这件事，傅珊仪在《纪念汪菊渊理事长》一文中也曾提起，据他回忆：“汪老看我很为难，就说他去想办法，他家住在宣武公园旁边，经常到宣武公园去，宣武区园林局就在

图 6-11　1981 年，中国花卉盆景协会成立大会代表留影（二排中央为汪菊渊）（汪原平 供图）

公园内一个小楼里，汪老人缘好，与几位局长都很熟，经常到小楼里转，他对局长表示他家就在附近，想要将来协会接见群众的工作借用园林局的会客室，局长说很欢迎。汪老很谦让，挑了一间地下室，不影响办公用房。局长很感动，就安排一间较宽阔的地下室，我们协会就一直在这地下室里办公。大家都很高兴，说汪老真行，不管大事小事都很热心，认真地帮着办。我在协会办完事就经常到汪老家去聊些杂务的事。有一天汪老拿一份证书给我看，原来是汪老当选为院士的证书。我说汪老真光荣呀，我祝贺您。但汪老却冷静地说，是很光荣，但我岁数大了，做不了很多贡献了。我说院士是终身制，你还可以做很多事。他沉默了。我不知道他在想什么，但从他的性格上他一定很尊重这份荣誉，而且会努力地去承担这份责任。”

在刘秀晨撰写的《我与汪菊渊先生相识的一些经历》一文中，据刘秀晨回忆：“1975年我和朱钧珍老师、李嘉乐总工、何绿萍、冯彩珍学姐接受周总理部署的北京西郊环境质量评价科研课题，对石景山各大企业大气做定量测试并提出用植物为大气污染报警、用绿化改善大气的树种选择以及种植设计的新尝试。我和朱老师几个人有机会去东北调研工业区绿化。真是和汪先生有缘，在长春巧遇先生也来考察调研城市绿化和花卉生产温室。更巧的是两个组调研内容相似。汪先生提出咱们一起调研力量大。这次出差只有汪先生和我两个男同志，他是个简朴平和的人，不愿意自己住单间，提出坚决要我和他同住一间客房，以节约开支。于是我和他有了共同工作生活42天的重要经历，白天一起调研测绘，晚上我画了一大堆工厂绿地和道路绿化平面立面图。当时没有城市地图，我就跑到沈阳、长春、吉林几个城市的火车站临摹城市的平面图，至今这些资料我依然保存着。在这段朝夕相处的日子里，既有辛苦也有和当地的校友相聚的惬意。特别是在吉林当地校友向市革委员会介绍了汪先生的知名度和成就之后，特意安排老先生住在接待西哈努克的宾馆房间。去小丰满水库考察涵养林时，老校友姚梅国、王纯仁等所有校友都赶来看望他们爱戴的汪先生，我被校友的真挚情谊打动，至今回忆起来还感动不已。在此期间最让我受益的还是汪先生每每对园林专业的深刻解读，他把国内园林学界的情况以及大多数知名教授学者、主管行政领导的情况一一向我介绍。我感受到一种信任和真诚，他把我当作忘年之交，让我终身受益。”

1978年以来，北京市园林局恢复了工作，汪菊渊也重新回到了总工程师的岗位。他多次来石景山关注刘秀晨的工作成果。考察了古城公园、石景山雕塑公园、游乐园等。他在祁英涛、李嘉乐等专家的陪同下专门看了刘秀晨主持设计的法海寺森林公园一期工程，并写了完全肯定的鉴定意见。他还和孟兆祯、杨赉丽一同起草推荐刘秀晨破格提升高级职称的评语。他为组建北京市园林科研所到处奔走，并参加编写《中国大百科全书：建筑・园林・城市规划》园林部分的内容，希望刘秀晨能协助他工作，并写来一封热情洋溢的邀请信。据刘秀晨回忆：“当时我正在参加石景山游乐园的设计和建设，无法脱身，不能赴任，感到很对不起他。直到1989年我去北京市园林局工作，我们的联系和接触又多了起来。汪先生是民盟成员、全国政协委员，而我也紧随其后参加了九三学社，从北京市政协常委也走到了全国政协委员，共同的工作话题越来越多。这时的他已是满头白发却精神依然矍铄的老人。1989年11月，由汪老和其他学者共同发起，在杭州成立作为国家一级学会的中国风景园林学会，一百多人代表中竟有一半以上都是北京林业大学前后的校友。汪老十分兴奋并利用中午时间‘悄悄地’通知大家拍了一张校友合影，我依然珍藏至今。在北京林业大学建校40周年大会上我和汪老一起吃饭，抚今追昔、心潮澎湃，更加感受到他是专业的大山、学界的依靠。我暗下决心，做人要做汪老这样的人，不计名利，不搞小圈子，境界中只有学业。在园林界和社会界他的口碑简直无可挑剔、无与伦比。”

汪菊渊一生待人谦和，从不居高临下，像一位老朋友一样和人坦诚交流，使人感到非常温暖和亲切，在汪老真诚的指导和帮助下，他的学生们从汪老身上学到了做人的真谛，他刚毅的性格、广博的学识、高尚的精神与平和亲切的长者风度永远值得我们景仰。

二、菊映华夏

汪菊渊十分关注我国风景园林绿化花卉事业的发展，对园林花卉的栽培、功能、效益及其经济市场、环境建设方面的作用和地位等进行了深入的探讨和研究。此外，汪菊渊在担任北京市园林学会理事长期间，还支持帮助组织了北京市菊花协会（图6-12）、北京市月季花协会、北京市盆景协会，广泛团结业余的园林花卉盆景爱好者，团结广大人民群众中许多热爱和熟悉园林花卉的人才，不辞辛苦地为我国园林花卉事业集结人才，为北京园林花卉事业迅速发展、繁荣昌盛作出了重大贡献（图6-13）。

在《园艺专家话月季——访中国园艺学会副理事长汪菊渊》《中国园艺学会副理事长汪菊渊谈：发展我国花卉生产首先要摸清国际和国内两个

图 6-12 北京菊花协会成立合影（汪原平供图）

图 6-13 中山公园社稷坛五色土前北京园林学会 1980 年年会（前排左六为汪菊渊，后排左八为孟兆祯）（汪原平 供图）

市场》这两篇文章中，《中国花卉盆景》刊物记者张朝阳记录了汪菊渊对于花卉养殖栽培的很多独到见解，两人话题转到月季上时，汪菊渊耐心介绍："月季原产我国，以后传播至世界各地。因其花朵鲜丽，颜色多彩，四季开花，因而历来为诗人画家所赞赏。宋代诗人杨万里有'只道花无十月花，此花无日不春风'之佳句。正因它开花不断，因此又得名月月红、四季花、长春花，所以深受群众欢迎。盆栽月季，供家庭观赏，特别是绿化、美化高层建筑环境，无疑是有发展前途的本土花卉之一。但要作为大量切花出口，他认为必须把月季从盆栽扩大到地栽上来。”说到这里，汪菊渊又补充说：“如果作为家庭观赏，挑选自己喜好的品种，那是无可非议的。但是，现在有一种倾向，有些花木公司和养花专业户，往往在搜集名种上下功夫。”他认为，要从事商品性生产，必须树立明确经营观念，凡是市场需要的，都可大力发展，要强调生产那些符合切花需要的品种。

在大力发展我国的花卉生产方面，汪菊渊当年提出首先要摸清“两个市场”的先进理念，其一是国际市场，打开国际市场的突破口首先是我国香港，当年香港的花卉市场大都由中国台湾、美国、荷兰、日本等国家和地区占领。对同一个品种、规格的花卉需求量有多大，不甚了了。香港有好多特殊的节假日，需要为他们提供什么样的鲜花，也摸不清楚。香港人对于牡丹，还有台湾产的只有一个绿杆和几片绿叶的富贵竹，却大为喜爱，认为它象征着吉祥、富贵。为了满足不同人们对不同花卉的需要，只有摸清不同地区人们不同的习俗、爱好才行。其二是要摸清国内市场，当年全国各省市陆续成立了花木公司，花卉专业户也如雨后春笋般地在中国大地上出现了。但当时全国到底有多少花木公司和花卉专业户，各大中城市需要哪些花卉、需求量有多大，各地发展花卉的现状和存在的主要问题是什么，也摸不清底数。所以汪菊渊认为，这样就无法确定各地花卉发展的重点，以及哪些科学技术问题需要攻关解决。正如看病一样、不了解症结，就不好开方子，因此汪菊渊提出了希望对国际市场也能组织人力这样做，尽快摸清底数，只有知己知彼，才能谈得上花卉事业的大发展等想法。

汪菊渊曾不辞辛苦地为我国园林花卉事业集结人才。1979年年底，汪菊渊高屋建瓴，对发展北京花卉业进行了深入的思考，他认为除了园林部门的专业人员以外，在其他行业和广大人民群众中还有许多热爱和熟悉园林花卉的人才，蕴藏着很大的潜力，应当把各方面的力量整合起来发挥更大的作用。不仅如此，汪菊渊对社会上一些业余园林花卉爱好者也很关心照顾，在《纪念汪菊渊理事长》一文中，据傅珊仪回忆：“北京刚解放不久时，有一位很开明的地主叫刘契园，酷爱菊花，家中种了几亩菊花地，还雇了个叫邱威的师傅帮他养菊。当时他的菊花在北京很有名气，朱德委员长曾到他家去看过菊花，后来还写了一首诗，听说毛主席也去他家看过菊花。不久老人病危，遗言将全部菊花及菊圃送给北海公园，因为他家离北海很近，他的养菊工人邱师傅也跟着到北海成为北海公园的养菊师傅。另有许多爱好养菊的菊友，其中有一位叫薛守纪，他家养了许多菊花的好品种，而且养菊有独到之处，还写过几本菊花养护管理的小册子。汪老与很多花友们交朋友，和他们座谈交流，这些花友们都很尊重汪老。”

除此之外，汪菊渊还曾尽心尽力举办参与各项花卉学术研究和花事活动。1990年，为了进一步团结全国菊花研究、栽培以及相关文化方面的力量，汪菊渊在河南省开封市成立了中国风景园林学会的中国菊花研究会，汪菊渊亲自担任第一届理事长。1982年，在汪菊渊的积极运作下，中国花卉盆景协会与上海公园管理处在上海人民公园联合举办了中华人民共和国成立以来的首次全国性菊花品种展览，共展出菊花品种1000余种，各类菊花9万余盆，受到了市民的热烈欢迎，盛况空前。同时还举办了首次中国菊花品种分类学术研讨会，汪老提出的5类、30型和13个亚型的分类方案，在业内取得了共识并应用至今。这次全国菊花展览会和学术研讨会，开创了我国传统名花举办全国展览和学术研讨的先河，是我国花卉事业发展的重要里程碑。

汪菊渊一生好实践、好思考的秉性，在同行和弟子中颇有名气，在那个改革开放的年代，他虽年事已高，却仍然不辞辛苦的参与各项重大的园林学术研究和花事活动，积极支持各兄弟省（自治区、直辖市），持续推动我国园林事业的发展和花卉事业的振兴。在《缅怀汪菊渊先生》《平和的境遇辉煌的人生——访汪菊渊先生》等文章中，陈大卫曾作诗一首来缅怀汪菊渊：“辛勤灌园栽桃李，朝暮与共四十春；声容笑貌今何在？长使艺林悼珠沉！”真可谓是汪菊渊这一生为园林事业辛劳付出的真实写照！

参考文献

陈大卫. 缅怀汪菊渊先生[J]. 风景名胜, 1996(4): 10-11.

陈大卫. 平和的境遇, 煌的人生: 访汪菊渊先生[J]. 风景名胜, 1995(10):18-19.

陈大卫. 一代宗师, 业绩永存: 沉痛哀悼汪菊渊先生[J]. 风景名胜, 1996(3): 46-47.

陈俊愉. 《中国古代园林史》序[M]// 汪菊渊. 中国古代园林史. 北京: 中国建筑工业出版社, 2006: 64.
陈有民, 华珮琤. 忆汪菊渊老师音容笑貌[J]. 中国园林, 2006(3): 4-5.
傅珊仪. 纪念汪菊渊理事长[J]. 中国园林, 2013, 29(12): 39.
李敏. 大业初成念恩师[J]. 风景园林, 2011(2): 27-28.
李敏. 菊映华夏, 德厚如渊: 纪念汪菊渊院士诞辰100周年[J]. 中国园林, 2013, 29(12): 43-44.
刘家麒. 师恩如海, 没齿难忘[J]. 中国园林, 2006(3): 15-16.
刘少宗. 怀念汪菊渊老师[J]. 中国园林, 2006(3): 8-10.
刘秀晨. 我与汪菊渊先生相识的一些经历[J]. 中国园林, 2013, 29(12): 41-42.
孟兆祯. 奠基人之奠基作: 赞汪菊渊院士遗著《中国古代园林史》[J]. 中国园林, 2007(6): 3-4.
孟兆祯. 师恩浩荡: 怀念汪菊渊先生[J]. 中国园林, 2006(3): 12-13.
唐振缁. 纪念我的老师汪菊渊先生[J]. 中国园林, 2006(3): 14-15.
王秉洛. 忆学科奠基人汪菊渊先生二三事[J]. 中国园林, 2013, 29(12): 40.
王忠波. 吞山怀谷: 一部得窥造园门径的通识性著作[N]. 解放日报, 2022-2-14.
吴良镛. 追记中国第一个园林专业的创办: 缅怀汪菊渊先生[J]. 中国园林, 2006(3): 1-3.
杨赉丽. 永久的怀念: 忆恩师汪菊渊先生[J]. 中国园林, 2006(3): 10-12.
张朝阳. 园艺专家话月季: 访中国园艺学会副理事长汪菊渊[J]. 中国花卉盆景, 1985(4): 2-3.
张朝阳. 中国园艺学会副理事长汪菊渊谈: 发展我国花卉生产首先要摸清国际和国内两个市场[J]. 中国花卉盆景, 1986(1): 3.
张国强. 园史为鉴: 纪念汪菊渊院士诞辰百年联想[J]. 中国园林, 2014, 30(4): 81.
张守恒, 陈兆玲. 忆汪菊渊老师[J]. 中国园林, 2006(3): 5-6.
张树林. 可敬可亲的良师益友: 纪念汪菊渊先生逝世10周年[J]. 中国园林, 2006(3): 16-17.
朱钧珍. 纪念汪菊渊先生百岁冥寿[J]. 中国园林, 2013, 29(12): 37-38.
朱钧珍. 纪念汪菊渊先生逝世10周年[J]. 中国园林, 2006(3): 6-8.
朱自煊. 深切怀念汪菊渊先生[J]. 中国园林, 2006(3): 4.

附录一　汪菊渊年表

1913年	4月11日出生于上海
1927年	就读于上海东吴大学附属第二中学
1928年	获得中学英语演讲会第一名
1929年	考入苏州东吴大学理学院化学系
1931年	7月参加杭州之江大学农村组活动，接触到农村生活，立志学农；返校后转入南京金陵大学农学院农艺系
1933年	春季赴北平参观园林，研读计成《园冶》，关注园林史
1934年	从金陵大学农学院毕业，由学校推荐参加庐山森林植物园创建工作
1936年	夏季返回金陵大学，担任农学院园艺系助教
1937年	随金陵大学西迁成都，讲授普通园艺学、花卉学课程
1938年	随植物系到峨眉山采集标本，晋升为讲师并负责园艺试验场工作
1942年	晋升为副教授，兼任园艺试验场主任
1944年	在中央农业实验所成都工作站、农林部种子专门委员会工作
1946年	在中央农业实验所成都蔬菜工作站工作；担任北京大学农学院园艺系副教授，兼院农场主任
1949年	北京大学农学院、华北大学农学院、清华大学农学院合并成立北京农业大学（今中国农业大学），担任北京农业大学园艺系副教授
1951年	联合北京农业大学、清华大学成立造园组，担任造园教研组组长、教授
1952年	成立北京农业大学机关生产处理工作组，担任副组长
1953年	造园组迁回北京农业大学自办，汪菊渊担任负责人
1954年	筹备中国园艺学会和北京园艺学会，担任中国园艺学会秘书长、北京市农林局局长
1956年	造园组定名为城市及居民区绿化专业，调至北京林学院（今北京林业大学）并扩大成立造林系城市及居民区绿化专业；当选为北京市第二届人民代表大会代表，参加中国民主同盟

1957年	担任北京林学院城市及居民区绿化系副主任；率领园林代表团赴伦敦参加世界公园协会成立大会，作为中国代表致辞，并到欧洲各国、苏联各加盟共和国参观考察
1958年	编印《中国古代园林史纲要》《外国园林史纲要》油印本，当选北京市第三届人大代表
1963年	主持城市园林绿化10年研究规划
1964年	参加北京市园林绿化学会成立大会，担任副理事长；担任北京市园林局局长
1966年	筹备成立城市园林绿化学术委员会
1972年	担任北京市园林局副局长、总工程师和花卉处顾问
1977年	担任北京市第五届政协委员
1978年	担任《中国大百科全书：建筑·园林·城市规划》编辑委员会副主任，园林学科编写组主编；成立中国建筑学会园林绿化学术委员会，担任副主任委员
1979年	成立北京市园林科学研究所，担任所长；担任北京市园林局副局长至1983年5月
1980年	担任民盟北京市第四届委员会委员；赴日本考察森林和环境绿化工作
1981年	筹备成立中国花卉盆景协会（现中国花卉盆景分会），先后当选为副理事长、理事长
1982年	主持启动中国古代园林史科研项目；担任中国园林学会筹备委员会成员
1983年	成立中国建筑学会园林学会，担任副理事长；担任北京市园林局总工程师、第六届全国政协委员
1985年	担任中国民盟北京市委员会委员
1987年	成立圆明园遗址公园建设委员会，担任顾问
1988年	担任第七届全国政协委员；《中国大百科全书：建筑·园林·城市规划》出版
1989年	成立中国风景园林学会，担任副理事长；成立《园艺学报》编委会，担任副主编
1990年	担任北京市园林局技术顾问
1994年	被提名推荐为中国工程院院士候选人；编撰《中国古代园林史》初稿
1995年	7月当选中国工程院院士
1996年	1月28日病逝

2006年　《中国古代园林史》出版

2012年　《中国古代园林史》（第二版）出版

2021年　《吞山怀谷：中国山水园林艺术》出版

附录二　汪菊渊主要论著

（一）图书

[1] 陈俊愉, 汪菊渊, 芮吕祉, 等. 艺园概要[M]. 成都: 园地出版社, 1943.
[2] 汪菊渊. 植物的篱垣[M]. 上海: 园艺事业改进协会, 1947.
[3] 汪菊渊. 怎样配置和种植观赏树木[M]. 上海: 园艺事业改进协会, 1947.
[4] 汪菊渊. 中国古代园林史纲要(油印本)[M]. 北京: 北京林学院, 1958.
[5] 汪菊渊. 外国园林史纲要(油印本)[M]. 北京: 北京林学院, 1958.
[6] 汪菊渊. 中国盆景艺术[M]. 广州: 广州市园林局, 1981.
[7] 汪菊渊. 月季花[M]. 北京: 中国建筑工业出版社, 1982.
[8] 汪菊渊. 中国大百科全书: 建筑・园林・城市规划[M]. 北京: 中国大百科全书出版社, 1988.
[9] 汪菊渊. 中国古代园林史[M]. 北京: 中国建筑工业出版社, 2006.
[10] 汪菊渊. 中国古代园林史(第二版)[M]. 北京: 中国建筑工业出版社, 2012.
[11] 汪菊渊. 吞山怀谷: 中国山水园林艺术[M]. 北京: 北京出版社, 2021.

（二）论文

[1] 汪菊渊. 教育消弭战争之势力[J]. 学籁, 1929(5): 30-32.
[2] 汪菊渊. 生篱[J]. 农林新报, 1937, 14(3-4): 29-30.
[3] 辛农(汪菊渊笔名). 峨眉山的观赏植物[J],农林新报, 1940,17(16-18):7-10.
[4] 辛农(汪菊渊笔名). 峨眉山的观赏植物(续)[J]. 农林新报, 1940,17(19-21):7-10.
[5] 汪菊渊, 陈俊愉. 有关水仙花鳞茎营养问题的两个相关系数[J]. 农林新报, 1941(4-6): 28-33.
[6] 汪菊渊. 谈观赏树木[J]. 农林新报, 1943, 20(28-30): 9-12.
[7] 辛农(汪菊渊笔名). 中国茶区间作物之商榷[J]. 生草, 1944(6): 23, 39.
[8] 汪菊渊. 水仙鳞茎生长之研究[J]. 农报, 1944, 9(25-30): 54-57.
[9] 汪菊渊, 陈俊愉. 成都梅花品种之分类研究[J]. 中华农学会会报, 1945(182): 1-26.
[10] 汪菊渊. 番茄[J]. 田家半月报, 1945, 11(19-20): 7-8.
[11] 汪菊渊. 建设吾国园艺事业的展望和途径[J]. 农业推广通讯, 1946, 8(1): 9-16.

[12] 汪菊渊. 扫除园艺工作中资产阶级科学的毒素[J]. 中国农业科学, 1951(6): 2-3.
[13] 汪菊渊. 建设我国园艺事业之展望与途径[J]. 农业推广通讯, 1956, 8(1): [页码不详].
[14] 汪菊渊. 怎样理解园林化和进行园林化规划[J]. 中国林业, 1959(2): 17.
[15] 汪菊渊. 苏州明清宅园风格的分析[J]. 园艺学报, 1963(2): 177-194.
[16] 汪菊渊. 我国园林最初形式的探讨[J]. 园艺学报, 1965(2): 101-106.
[17] 汪菊渊, 李军, 胡玉琴. 短日照处理“十・一”开花的菊花品种比较试验[J]. 园艺学报, 1979(2): 131-132.
[18] 汪菊渊.《中国建筑技术史》第十一章园林技术[M]. (征求意见稿), 1979.
[19] 汪菊渊. 居住区绿化中的几个问题[J]. 城市规划, 1980(3): 29-30.
[20] 汪菊渊. 外国园林形式发展概述[J]. 北京林学院学报, 1981(1): 1-42.
[21] 汪菊渊. 赴日本参观环境绿化情况汇报[J]. 园林科技, 1981(4): 1-11.
[22] 汪菊渊. 绿化美化首都的几个基本问题[J]. 北京林学院学报, 1982(2): 1-11.
[23] 汪菊渊. 选映山红作为我国国花[J]. 植物杂志, 1982(3): 27.
[24] 汪菊渊. 北京明代宅园[C]// 北京林学院林业史研究室. 林业史园林史论文集: 第一集, 北京: 北京林学院林业史研究室, 1982: 32-35.
[25] 汪菊渊, 金承藻, 张守恒, 等. 北京清代宅园初探[C]//北京林学院林业史研究室. 林业史园林史论文集: 第一集, 北京: 北京林学院林业史研究室, 1982: 49-61.
[26] 汪菊渊. 秋菊品种分类方案[C]// 中国园艺学会中国花卉盆景协会编. 菊花品种分类学术讨论会文集, [出版地不详]: [出版者不详], 1982: 21-30.
[27] 汪菊渊. 中国古代囿苑的历史发展[J]. 城市建设研究班讲稿选编, 1983: 259-274.
[28] 汪菊渊. 城市园林绿化概论[J]. 城市建设研究班讲稿选编, 1983: 243-248.
[29] 汪菊渊. 拾珠揀玉,承前启后[J]. 古建园林技术, 1983(1): 3.
[30] 汪菊渊. 神山仙岛质疑[J]. 园林与花卉, 1983: 14-15.
[31] 汪菊渊. 避暑山庄发展历史及其园林艺术[C]// 北京林学院林业史研究室. 林业史园林史论文集: 第二集, 北京: 北京林学院林业史研究室, 1983: 1-10.
[32] 汪菊渊.《月季群芳谱》序[M]// 张本. 月季群芳谱. 贵州: 贵州人民出版社, 1984.
[33] 汪菊渊. 自然保护、风景保护和历史园林保护[J]. 风景师, 1984(3): 1-7.
[34] 汪菊渊. 芍药史话[J]. 世界农业, 1984(5): 52-54.
[35] 汪菊渊. 菊有绿华[J]. 老人天地, 1984(10): 23-24.
[26] 汪菊渊. 中国山水园的历史发展[J]. 中国园林, 1985(1): 34-38.
[37] 汪菊渊. 中国山水园的历史发展(续)[J]. 中国园林, 1985(3): 32-36.
[38] 汪菊渊. 中国山水园的历史发展(续)[J]. 中国园林, 1985(4): 16-20.
[39] 汪菊渊. 对城市绿化技术政策的几点看法[A]// 中国技术政策: 城乡建设. 国家科委蓝皮书第6号, 1985.

[40] 汪菊渊. 中国山水园的历史发展(续完)[J]. 中国园林, 1986(1): 20-23.
[41] 汪菊渊. 名花评选感言[J]. 大众花卉, 1986(4): 25.
[42] 汪菊渊. 建议银杏为首都市树[J]. 绿化与生活, 1986(5): 2-3.
[43] 汪菊渊. 纪念梁思成先生[M]// [作者不详]. 梁思成先生诞辰八十五周年纪念文集(1901—1986), [出版地不详]: [出版者不详], 1986: 57.
[44] 汪菊渊. 城市生态与城市绿地系统[J]. 中国园林, 1987(1): 1-4.
[45] 汪菊渊. 花中皇后: 芍药[M]//《世界农业》编辑部. 名花拾锦. 北京: 农业出版社, 1987: 27-32.
[46] 汪菊渊.《根艺创作与欣赏》序[M]// 彭春生, 朱大保. 根艺创作与欣赏. 北京: 中国林业出版社, 1988.
[47] 汪菊渊. 城市环境(绿化)的生态学与美学问题[J]. 中国园林, 1990(1): 38-41.
[48] 吴中伦, 汪菊渊.《中国梅花品种图志》评介[J]. 中国园林, 1990(4): 13.
[49] 汪菊渊. 城市环境的生态学与美学[M]// 中国城市科学研究会. 城市环境美学研究. 北京: 中国社会出版社, 1991: 240.
[50] 汪菊渊. 汪菊渊同志的发言[M]// 李正明, 张杰主. 泰山研究论丛: 第4集. 青岛: 青岛海洋大学出版社, 1991: 308-311.
[51] 汪菊渊. 我国城市绿化、园林建设的回顾与展望[J]. 中国园林, 1992(1): 17-25.
[52] 汪菊渊. 故宫御花园[M]// 故宫博物院. 禁城营缮记. 北京: 紫禁城出版社, 1992: 220.
[53] 汪菊渊.《中国园林艺术辞典》序[M]// 张承安. 中国园林艺术辞典. 武汉: 湖北人民出版社, 1992.
[54] 汪菊渊.《城市生态学》序[M]// 城市生态学. 北京: 中国林业出版社, 1992.
[55] 汪菊渊. 唐宋园林风格简述[J]. 园林香港研讨会, 1993.
[56] 汪菊渊. 虽由人作, 宛自天开《园林无伪情》[M]. 南京: 南京出版社, 1994.
[57] 汪菊渊.《植物造景》序[M]// 苏雪痕. 植物造景. 北京: 中国林业出版社, 1994.
[58] 汪菊渊. 园林学[C]// [作者不详]. 风景园林学科的历史与发展论文集, [出版地不详]: [出版者不详], 2006: 6-9.

亲爱的汪院士：

亲爱的读者：

本书在编写过程中搜集和整理了大量的图文资料，但难免仓促和疏漏，如果您手中有院士的图片、视频、信件、证书，或者想补充的资料，抑或是想对院士说的话，请扫描二维码进入留言板上传资料，我们会对您提供的宝贵资料予以审核和整理，以便对本书进行修订。不胜感谢！

留言板

来信请寄：北京市西城区刘海胡同7号中国林业出版社316室 100009